在對速度過於迷戀的年代，
我們慢慢讀書。

國際推薦

「想大幅提高成功機率的創業家或創新者，本書絕對非讀不可！」

——**派屈克・科普蘭（Patrick Copeland），亞馬遜廣告部門副總裁**

「薩沃亞的作品非常有影響力，多年來我從他身上學到很多，我欣見他現在將他的洞見和智慧分享給全世界。所有胸懷抱負的創業家，都該將本書列為必讀之作。」

——**蒂娜・希莉格（Tina Seelig），史丹佛大學管理科學與工程系教授**

「薩沃亞善於將強而有力的創新策略，變成簡單、實用又有效的工具。我們領導團隊已將他的作品，列為數位轉型工具箱的要角。」

——**巴斯克・伊爾（Bask Iyer），Zoom科技顧問**

「我相信是薩沃亞傳授的觀念，增進New Balance的創新能力，塑造更健全的文化來挑戰『規範』。」

——**羅伯特・德馬蒂尼（Robert Demartini），前New Balance執行長**

爆賣產品這樣來

前 Google 創新主管
用**小投資測試大創意**的實用工具書

阿爾伯特・薩沃亞 /著
陳依萍、吳慧珍 /譯

The Right It

Why So Many Ideas Fail and How to
Make Sure Yours Succeed

目錄 CONTENTS

第三篇　贏得市場的可塑性戰術

前言

打擊失敗，做出爆紅產品

牠耐心地等著，
相信沒多久就能抓到獵物——牠一向都是如此。
很少有獵物能逃過牠的啃噬，無一能躲過牠的觸手。
無論如何，失敗之獸將我們一網打盡。

致失敗之獸，
你讓我記取教訓，現在輪到我反擊了！

現在是凌晨三點，但我因為情緒太過激動而無法入睡。再過六小時，我就會坐在共同創辦公司的最後董事會議上。歷經五年努力和經營事業的奮戰後，如今我們不得不接受賤價拋售的決定，出售獲獎的科技與資產，我聘僱的、信任我與在我視線所及的數十人都將失業。三名世界級創投（Venture Capital, VC）資本家，不僅投資兩千五百萬美元，也投入時間、人脈，並給予諮詢建議，到時候他們會憤怒地瞪著我、我的共同創辦人，還有我們的執行團隊。我遭到失敗之獸（Beast of Failure）啃噬，簡直痛得要命。

最慘痛的是，我居然想不出是哪裡出了差錯，失敗向來只會落在別人的頭上：那些較缺乏經驗、能力較弱、準備較不足的人身上。在此之前，我在新創公司和創業方面有著亮眼的成績，我是早期入行的員工，在昇陽電腦（Sun Microsystems）和Google，這兩家從初出茅廬發展成商業巨擘的公司，都有著優異的職涯表現。

我也和人共同創辦一家創業投資公司，在十八個月內將三百萬美元的投資變成一億美元的併購，我的紀錄是完美的三勝零敗，肯定遲早能迎接第四次勝利。成功的方程式很簡單：找出新產品或服務的構想來解決一個大問題、組織強力團隊、籌募資金、建立計畫、加以發表，並且上市，或是在最糟的情況下也能被高價併購。

這些我們都做了，我們對產品的構想有很大的野心，該產品用非常創新的方式來因應重大的軟體工程問題。一切審慎調查、市場調查，都肯定各家公司會需要、想要並實際購買我們的產品，提供開發人員使用。我們召集一群優異的人員，苦幹實幹五年。我們有很棒的商業計畫，也從世界頂級的創投資本家取得眾多資金執行，也都按照計畫做了。

所以，搞什麼鬼？怎麼會失敗？究竟哪裡出錯了？

我輾轉難眠，起身看著窗外，想像其他曾經或即將遇到同樣處境的人，這個想法讓人警醒。

失敗案例遠比成功案例來得多

在這一刻，世界上數百萬人努力實踐推出後會成功的新構想。有些會成為驚人的成果，對世界和文化有很大的影響：下一個Google、新一劑小兒麻痺疫苗、下一套《哈利波特》（*Harry Potter*）系列套書、下一個紅十字會（Red Cross）、下一輛福特（Ford）野馬（Mustang）。其他則是較小型、偏向個人，但也同樣深具意義的成果：經營到成為鄰里首選的小餐廳；雖然沒有登上最佳銷售排行，但講述重要故事的傳記；關懷棄養寵物的在地非營利組織。

同樣在這一刻，許多人一樣很努力地開發新構想，但這些構想實行後會失敗。有些失敗是在眾人面前嚴重受挫，像是新可樂（New Coke）、電影《異星戰場：強卡特戰記》（*John Carter*），或是福特艾索（Edsel）車款；有些較小型、較不為人知，但也一樣慘痛的失敗：從未起飛的自家事業、未能出版或不被兒童喜愛的童書、議題未能獲得大家關注的慈善機構。

如果你現在正著手開發一個新構想，無論是自己單獨進行或與團隊合作，會是上述所說的哪一類？或是如果你目前只是**考慮**要投資發展構想，又會是哪一類？

多數人自認屬於或即將進入第一類，也就是構想會成功的組別，要做的就是努力和好好執行。遺憾的是，我們知道實情並非如此，多數的新產品、服務、事業及倡議計畫在推出不久後就會失敗，不管聽起來前景多美好、開發者多麼投入，或是執行得多妥善。

這就是不容易接受的客觀事實，我們相信其他人之所以會失敗，是因為他們不夠內行、不是進入該行的料，總認為這不會同樣套用在自己的構想和本身，尤其是過去嘗過勝利滋味，便會想著：「我以前成功過，這次一定會再創佳績，等著瞧吧！」

我過去就是抱持這種想法，而且認為自己這麼得意洋洋是有原因的，因為我體驗過一連串的成功，只有少數受挫，失敗只會落在別人的頭上。

接著等到我的信心達到新的高峰，失敗之獸就用觸手捆住我，在我的屁股上大咬一口，在我這個聰明、有能力、準備有佳的傢伙屁股上，留下難以忽視和忘懷的慘烈咬痕。

我可以選擇舔舐傷口或反咬回去，於是我決定反擊。

失敗從此成為我的仇敵，我全心投入打擊失敗。教導他人如何打擊失敗，便成為我的任務。

本書就是任務的其中一部分。

全書架構

從認清市場到贏得市場

我是一個講究實際的人，因此本書也很務實。我相信要達成目標、因應挑戰及解決問題的方法，就是妥善結合事實、工具和戰術，本書就是依照這樣的方式組織。

第一篇：關於市場的真相

小時候在聽成人議題時，會聽到用一些隱晦的譬喻講解，像是所謂「鳥與蜜蜂」的生子譬喻。本書前幾章提到的是我個人版本的講解法，只不過要說的不是如何生小孩這類話題；我用自創譬喻解釋新產品如何誕生，還有它們會面臨什麼命運。

首先，在第一章要直接面對「市場失敗定律」（Law of Market Failure），這個畫面會讓人覺得不太舒服。多數新想法面臨的重重關卡，會讓人聯想到大自然紀錄片裡怵目驚心的一刻——上百隻剛孵化的海龜要從沙灘跑向海浪，這時候會有許多獵食者叼走牠們，就像吃歐式自助餐時拿走小餡餅，只有幾隻幸運的小海龜可以到達海裡，能長大的數量更稀少。大自然很殘酷，市場也是，我們要先好好研究並理解失敗，才能始終如一地加以擊敗。

在第二章中，你會學到打敗市場失敗定律的方法，就是要有符合「對的它」（The Right It）的構想。我會介紹「對的它」和恰恰相反的「錯的它」（The Wrong It，註定會在市場上失敗的構想），並解釋我們為什麼往往投入會失敗的錯誤構想，你也會知道我對所謂的意見很有意見。

數據！我多愛汝，讓我悉數，第三章談論我對數據的熱愛，特別是市場數據，但你也會知道我對數據的愛不是平均分配。事實上，我對數據極度偏愛。本章的目的是要讓你像我一樣也愛上（或至少欣賞）數據，並且和我一樣挑剔。

第二篇：實用市場測試工具

你可能聽過「工欲善其事，必先利其器」，或是「巧婦難為無米之炊」，我們有棘手工作要做，沒有正確工具是不可能成功的。本篇是我們可運用的工具包，其中會介紹一系列的有力工具，讓你具有重大優勢可以戰勝失敗。

多數失敗的根本原因，可以追溯到混沌、模糊而不受拘束的思想，除非能明確又清晰地表明對新產品的想法，否則在市場上成功的機率就不高。在第四章，你會學到極為簡單卻十分有效的工具，專門用來把模糊的思緒琢磨成形。

在第五章中，會介紹**前型設計**（pretotyping）的概念，指出**前型**設計和**原型**設計（prototyping）之間的差別，還有兩者相差一個字母，對於追尋「對的它」會造成多大差異。接著會和你分享強大的各式前型設計技巧，搭配許多如何運用前型測試市場對新產品想法反應的實例。

前型設計實驗會帶給你很多第一手市場數據，但光有數據不夠，要做出正確決策，就必須用嚴謹而客觀的方式來分析和詮釋數據，在第六章將會提供所需工具。

第三篇：贏得市場的可塑性戰術

在本書最後一篇，我會與你分享如何將新學知識和工具付諸實踐的想法。在第七章，你能學到四個強力戰術，協助你用最有效率的方法，組織並實行市場驗證測試。在第八章，我會一步步帶你看，套用所學的工具和戰術後，對新事業構想會有什麼影響。

本書前八章依循事實並講求實用，多數屬於基本要素和技能。在最後一章，也就是第九章，我會把論述層次提高到抽象和哲學層面，學到的工具與戰術會賦予你抵抗失敗之獸的新力量和巨大優勢。你會用新得到的知識與優勢做什麼？如果知道自己很有可能成功，會著手處理哪些新產品、服務或事業？我鼓勵你放大思考的格局，並且設立更高的目標。

實際故事與個案研究

我在本書中涵蓋許多真實事例，會依據能闡述要點、技巧或寓意的情形來精選故事。不過在閱讀的同時，要記住這些畢竟只是**故事**，也就是說不同人看待事情的觀點不同、記述方式不同，也會有不同的結論。此外，這些故事中有些複雜性高且提供的教訓耐人尋味，都可以用整本書的篇幅詳述，但是我會濃縮成一、兩段。

例如之後會讀到Webvan，這家公司打算發展雜貨宅配，投資近十億美元，結果卻一敗塗地。這個故事有許多有趣的次要情節和訓誡內容，並且涉及數千名人員，包含創投資本家、執行長、上百名不同職務的員工（經理、倉庫工人、會計、貨車司機等），每個人對公司的失敗都有不同的參與角色和受影響面向，而且看待公司失敗的方式也互不相同。Webvan投資者的故事有別於執行長的故事，執行長的故事也會不同於公司貨車司機或會計的故事。

在黑澤明的經典電影《羅生門》中，四名目擊者描述謀殺案的說法相互矛盾，新產品或公司失敗時，一樣會視有多少名目擊者而有多少個故事，這完全體現羅生門效應。就算是由我提供的第一手實際參與故事和實例，勢必會受到自己的獨特觀點、個人偏見及記憶不完全而扭曲。

要百分之百準確又鉅細靡遺是不可能的，因為造成新產品或公司成敗的因素非常複雜且不易計量，但還是可以從中擷取寶貴的教訓和重要原則為自己所用。

總之，我選出實例並做出重點摘要，期望達到最佳用途和效果，並且容易記憶。我準備許多故事與個案研究，並且轉化成最適合**你**記憶和獲益的形式。此外，即使我能完整記住每個案例，還是要提醒你把這些當作其他人在其他時間、不同境遇下的軼事，稍後我在書中會介紹，這叫做「他人數據」（Other People's Data, OPD）。

所以閱讀這些故事時，記得斟酌參考。

本書用語

本書描述的工具和戰術適用於各式各樣的構想，無論是新產品的構想（或增添既有產品功能的構想）、新服務的構想（或是加入既有服務新內容的構想），還是新企業或各類組織的新構想（包含營利組織、非營利組織、商業組織、政治組織、哲學組織）。然而，我不打算寫出你沒有興趣閱讀的一長串「新產品、服務、企業或組織的構想」，通常直接以**產品**一詞表示（或是目標市場）。在本書中，**產品**和**目標市場**可以指涉新的工具、行動應用程式、創新的尿布運送服務、社群媒體新創公司（好像上述這些現有的還不嫌多）、電玩遊戲、基因改造而減少引發過敏的倉鼠、新的大學課程或學科（失敗學？）、慈善組織、新宗教或狂熱崇拜（拜託不要！）等。

同樣地，本書使用的**市場**一詞不見得是指會拿錢出來的人，而是任何你想得到會想要、使用、採用或參與自己構想的群體。如果打算設計並推出一堂新的高中課程，你的市場就是學生；如果想在故鄉推動新法規控管單車車速，你的市場就是騎車者。

換句話說，本書提到的工具和戰術，適用於含有以下特點的市場：

一、不小的投資。

二、高失敗率。

三、想避免失敗的渴望。

這幾乎包含所有重大的人類投入事項。

從Google到史丹佛都受用的工具與構想

我想直截了當地表示，自己的角色和本書所追求的，不是呈現出眾所未知的事實與完全原創的構想。我向你分享的部分工具和技巧已經存在數百年，只是未能得到應有的重視，或是沒有命名。我挖掘出它們、清除上面累積的灰塵、做些整理，並拿出來好好展示，可以把我想成這些構想的收藏家、策展人及導覽員。

許多靈感內容、範例和情境，是我過去幾年蒐集的素材，因為我在這段期間致力發展、實踐及教導這些工具與技巧給想聽的對象。拜Google和史丹佛大學（Stanford University）所賜，讓我有機會出席數百場演講、研討會及工作坊，並參與無數堂實作指導課程，我在這些課程裡和身旁的學生、創業家，甚至是《財星》（*Fortune*）五百大執行長，一起將這些技巧運用到真實專案中。上述提及的人和組織不僅實踐這些構想，提出新工具與許多改良方法，也提供給我各行各業的相關故事和記述，所以無論你想尋求任何產品、服務或事業，都能在此得到幫助。

連寫這本書的過程，都運用了本書的構想

我有貫徹自己教導的內容嗎？當然！我之所以親自實踐，不只是因為不這麼做會很丟臉，而是因為教導的內容有效，對本身和自己的學生及客戶都有相當驚人的成果。事實上，你在本書學到的工具和技巧**不會失敗**，因為如同你將發現的，它們是基於已經證實的事實與簡單邏輯。精熟這些並加以實踐，你就能翻轉在市場上成功的機會，並在多數與失敗之獸的戰鬥中獲勝。

本書就是我貫徹自己教導內容的一個良好範例，我要解釋一下，寫書是很辛苦的，我也很清楚多數作者找不到出書的出版社或讀者群；換句話說，大多數的書籍都在市場上失利。

所以在決定花費一年以上的時間寫書，並且承擔無人閱讀或無人覺得本書實用的風險前，我做了一個實驗。我給自己五天的時間撰寫一本小冊子，名稱是《前型：先掌握對的它，再來好好打造》(*Pretotype It: Make Sure You Are Building The Right It Before You Build It Right*)[1]，介紹「對的它」的概念，還有本書會提到的一些工具與技巧的粗略版本。我自行列印和裝訂數十本小冊子，分送同事與朋友。

1 如果想閱讀原版小冊子，只要上網搜尋「Pretotype It Alberto Savoia」即可。

兩天後，我開始收到需要更多本小冊子的要求。「嘿，薩沃亞，我看了之後很喜歡，能再給我十本嗎？我想和團隊分享，也很樂意負擔費用。」

很快地，追加本數的需求超越我能親手製作的速度，所以就向影印店訂購一批，然後又訂一批，再一批。最後，一直跑影印店和搬運重箱子太累人，所以我決定把小冊子的PDF檔放到網路上，讓大家免費取得，需要的人也可以自行列印。因應一些人的要求，我也建立Kindle版本，並且在亞馬遜（Amazon）上用九十九美分（最低價格）販售。

又過了幾天，我收到一些陌生人寄來的電子郵件，告知他們有多喜歡那本小冊子，並且感謝我撰寫；也有很多人鼓勵我寫出完整的書，涵蓋更多技巧與範例。我開始收到去大公司和大學談論「對的它」及前型設計的邀約，世界各地有人自願以他們使用的語言翻譯這本小冊子，我也授權所有人使用，條件是他們也要提供免費的PDF版本。因為這些人的付出，現在這本小冊子已有十多種翻譯版本。

小冊子第一版在二〇一一年發行，之後原版PDF檔和電子書版本（加上翻譯）轉傳到無數的網頁上，所以我無從得知有多少人下載並閱讀，但是相信有上萬次。一切其實沒有經過行銷或廣告，只靠口耳相傳。

在生活和事業上，包含出書事業，都沒有所謂的保證。不過這本小冊子開頭表現亮眼，並且後續有人表示有興趣，加上使用裡面教導內容和技巧的人傳出成功事例，足以說服我投入時間和努力撰寫，完成你現在閱讀的這本書。

大膽之餘也要謹慎

在依循範例或使用本書描述的工具時，千萬記得要發揮最佳判斷力，並尊重所有適用的法規與產業標準。每個組織都不同，因此這裡所提的建議和戰術，不見得適合你的情境或產品構想。事實上，對於某些產品（如醫療產品），或是高度控管的產業（如航空業），一些技巧可能違反倫理或有道德疑慮。如果想要套用本書提到的構想，請為自己的行動負起全責。如有因為本書提供的資訊直接或間接產生任何損失、引發偶然損害或繼發性損害，或是據稱造成損害，本書作者或出版商無須負擔任何責任。

第一篇

關於市場的真相

第一章

市場失敗定律

——找出失敗原因與成功公式

我喜歡客觀事實，愈冷硬愈好，就算它們牴觸我的渴求和偏好，我還是喜歡。我喜歡客觀事實，因為它們深植於現實，給我堅實的基礎，也就是可以在上面發展的岩床。面對並接受客觀事實，一開始容易令人感覺不自在，但是相較於起初的不適，忽略客觀事實在日後帶來的問題和麻煩才真的要命。

我們要探索的客觀事實，有三個重要層面：

一、令人**難以**消受，至少起初要接受是很困難的。

二、根據**實體**、客觀數據，不是來自微弱的希望、不確定的信念或反反覆覆的意見。

三、之所以**客觀**，在於堅實、強硬且永久，不太可能會改變，至少這一輩子都不變。

後兩項特徵讓客觀事實適用於各個時空，所以最好趕快適應。

我在本書第一篇的目標是，讓你接觸關於成敗關鍵的客觀事實。如果我做好這一點，而你抱持開放的心胸和勇敢的態度，就能和我一樣不僅接受並敬重這些事實，也會像我一樣仰賴、看重、努力找出客觀事實。找出客觀事實是好事。

只許成功，不許失敗——才怪！

相信你以前曾在動作片、勵志講座和聲嘶力竭的員工會議上，聽見有人說：「只許成功，不許失敗！」（Failure is not an option）這是很棒的引述語，很樂觀又激勵人心，也很有自信，但卻錯得離譜。

提及將新產品帶到市場，總是有失敗的可能。實際上，任何人想要做新的或不一樣的事，就很可能會有失敗的結果。不管在藝術、科學、感情或任何地方都適用，在商業界更是如此，多數的新事業會失敗，而且現存企業推出的多數新產品也會失敗。

告訴自己「只許成功，不許失敗」或許有用，前提是你是好萊塢英雄，或卡在只有一個出口的困境裡。但是如果你想推出新產品到市場，說出或相信「只許成功，不許失敗」，甚至以此為準則展開行動，就非常不切實際——這根本是一個糟糕的主意。這幾個字一開始能帶給你信心或動力，但是這樣的鼓舞力量十分短暫，你可能會受到鼓舞而走往相反的方向——直接落入失敗之獸的大嘴裡。

我在這裡提供更實際的講法：

失敗是最有可能的結果。

把這當作你遇到的第一個客觀事實，同時記住客觀事實是你的友伴，只不過起初看起來不太像。在閱讀本書時，你就會了解為什麼在面對新構想時，把失敗視為最有可能的結果會比較有效率，因為這符合市場現實，這樣切實的想法終究能時常帶領你在市場上走向成功。

這個事實非常重要，也必須視為一個值得重視的**定律**。

市場失敗定律

我先前已將失敗比擬為野獸，在整本書中也會使用「失敗之獸」這個譬喻。因為從心理層面來說，這個形象引發人們面對失敗時，感受到的恐懼和情緒。我們不該忽略心理效應，因為這確實會影響我們的思考與行動，但是也要用較客觀和分析式的方法來呈現並處理失敗。新產品上市時，失敗是常態，而不是特例。失敗很常見、持續、隨處可見，所以要給予應有的敬重，並視為定律[1]。市場失敗定律就是：

> 即使執行得當，多數新產品仍會在市場上失敗。

我分成兩句話來寫，是因為這隱含著一、二連擊。

一擊：多數新產品會在市場上失敗。

唉呀！

二擊：即使執行得當。

唉呀呀！

1 我確實意識到，在技術上而言，把這稱為定律有些勉強，這明顯不同於「牛頓第一運動定律」的類型。我為什麼還要稱為定律呢？因為希望你多注意、特別重視，並且好好考量這件事。我也可以把它稱為「經驗法則」或「一項觀察」，但是這些用語無法好好傳達出它的重要性。

我很快就會提出證據，支持新產品很可能遭遇失敗命運這一點。不過在此之前，要先釐清市場失敗的定義，還有更難得的市場成功。

市場失敗和市場成功的定義

依照我們討論的需求，**市場失敗**是指對新產品投資的實際結果**不如或與期望相反的成果**。我來解釋清楚一些。把新產品帶到市場時，你做的就是投資，包含投資金錢、時間、資源及名聲。你進行投資的同時，期待能達成特定的希望成果：更高收益、更多利潤、更大的市場占有率、新的客群、更高的知名度等。譬如：

- 兩名員工辭去安穩工作，並將積蓄投入共同創辦新公司，**期望**自己當老闆能更快樂，還有賺更多錢。
- 公司投資開發新改良版的產品，**期望**能比先前有更高的銷售量，並且獲得更高的利潤。
- 某個領域的專家休了無薪長假，撰寫一本分享自身專業的書，**期望**這本書會出版，並讓自己的名聲更響亮；決定出版的出版商也**期望**這本書能大賣。

- 經營一家熱門又獲利的餐廳業者開設第二家店，**期望**第二家店一樣能受歡迎且賺錢。
- 高速公路局投資為一條繁忙的公路增加收費道路，**期望**能解決交通堵塞的問題，並有足夠營收來負擔興建費用。

如果你推出產品，而實際結果不如或與自己的期望相反，這就是我們所說的市場失敗。我們對市場成功的定義就是市場失敗的另一面，**市場成功**是指對新產品的投資**符合或超越期望的成果**。

要特別注意的是，有些產品屬於市場失敗，但從其他方面的標準來看卻是成功的。譬喻有佳的電影在票房失利就算是市場失敗，至少對投資這部電影並期望能賺錢的人而言正是如此；新產品能達成應有的功能，並且比其他產品表現得更好，但在銷售上無法獲利的話，只能說是工程上的奇蹟，依然是市場失敗；能解決塞車問題的收費道路，沒有產生足夠收益，對通勤者而言是成功，但從納稅人觀點來看也是市場失敗。在開始之前，務必明確訂定成功的標準。

現在我們已經為所謂市場失敗和市場成功做出明確具體的定義，接著要進一步來看多數新產品失敗的頻率、狀況及原因。

關於市場失敗的統計數據

市場失敗定律的第一句是：「多數新產品會在市場上失敗。」其中說的**多數**，是指超過五〇%的新產品會失敗。這是保守的說法，我從未遇到哪個產業中多數產品能持續成功。這是很自然的，因為那種情形表示產業或市場有著無窮的需求和資源來吸取大量的新產品，但是這種事並不存在。

不過，失敗的實際比率是多少？五一%、七〇%、九五%，還是九九%？答案要視許多因素而定，包含企業或產業的類型、研究涵蓋多少公司和產品，以及失敗的定義。

在廣義消費性產品市場中，部分最佳新產品失敗的相關數據來自知名的尼爾森市調（Nielsen Research）。數十年來，尼爾森追蹤數萬項新推出產品，這些產品每年在市場上表現狀況的報告。結果非常一致：約有八〇%的新產品未能達成原先的預期，因而歸類為「失敗」、「令人失望」或「取消」，每年都是如此，無一例外。

如果你研究或是訪談作者或出版商、行動應用程式開發人員、創投資本家和餐廳業者，就會聽到同樣的說法，每每得到約八〇%的數字。所以如果你想找一個數字替代市場失敗定律中所說的「多數」，可以抓在七〇%到九〇%之間。為求保險起見，我建議你對新產品構想假設將有九〇%的失敗率。

新產品的統計數據很明確、一致且具有說服力，但是這些數字背後蘊含什麼意思？為什麼多數產品會失敗？如果我們知道其中原因，就較能接受客觀事實。為了回答這些問題，接下來我會開始揭露失敗遠比成功更可能發生的邏輯。

成功產品方程式

成功取決於一系列的關鍵因子。**因子**是指造就結果的情境、事實或事件。**關鍵因子**則是**必須**做對或走對路才能促使構想成功的因子。多數結果取決於多個關鍵因子間的互相影響，因此要有成功的結果，所有關鍵因子都必須做對或走對路。

為了便於觀看和分析這個概念，可以使用我所說的成功方程式（Success Equation）：

對的A×對的B×對的C×對的D×對的E等＝成功

其中A、B、C、D、E等是成功的關鍵因子。

稱職而經過良好訓練的廚房人員，是新餐廳成功的關鍵因子，我們稱為因子A，不過成功還需要在對的社區找到適合的空間（B），需要好的供應商（C）、有能力的服務生（D）、健全的財務管理（E）、良好的行銷和充足的行銷預算（F），以及有力的經營（G）。此外，還需要自己不能掌控的因子配合，像是整體的經濟景氣、競爭者與評論者。這些都是關鍵因子，全都要做對才能讓餐廳成功，這是一連串**對的**集合。

另一方面，只要有單一關鍵因子出錯，就會導致失敗！

對的A×對的B×對的C×錯的D×對的E等＝失敗

對的A×錯的B×對的C×對的D×對的E等＝失敗

你在剛學數學時就學過了，不管數字多大、多驚人，只要乘以零就會得到零，記得嗎？這個整體的概念也適用於成功方程式。

只要有一個具有影響力的評論家心情不好而給了負評，就能讓一家餐廳遭殃，不管你花費一千美元或一百萬美元做行銷都一樣。無論有多少成功因子做對或走對路，只要有一件事做錯或出錯就會失敗。（如果你喜歡數學計算，要是成功結果取決於n個因子正確，失敗的情形會有二的n次方減一種，成功卻只有一種。）因為形勢如此不利，怪不得多數新產品都會失敗。真正令人驚訝的神祕之處是，某些產品面對高失敗率仍然能夠成功。

這個殘酷的邏輯，解釋市場失敗定律背後的統計數據，但也是我們要用以致勝的邏輯。

Google也會有失敗的產品嗎？

多數人不會大力反駁市場失敗定律的前半部，在我提供統計證據和背後邏輯後，他們就會接受多數新產品會在市場上失敗的事實。不過我在定律的後半部得到較多反對意見，也就是「即使執行得當」，多數新產品仍會失敗。

很少人能輕易接受這一點，我也了解他們反對的原因。我在過去也認為，失敗就是在新產品執行的某個時間點，因為能力或經驗不足所造成的結果。可惜的是，執行得當不是對抗失敗的祕方。這件事可能像是很難入口的藥，卻還是不得不吞下。如果你在經營時有一種錯覺，認為在特定領域或市場上的能力和經歷，能讓你與市場失敗定律絕緣，你不僅會失敗，這種狂妄的想法也會讓你跌得更慘痛。

我在工作坊和課堂上，提出眾多戲劇性失敗的案例來證明自己所言甚是，案例包含在市場上被認為最厲害的人物和公司，以下列舉幾個例子。

可口可樂（Coca-Cola）和百事可樂（PepsiCo）大概是碳酸飲料產業最成功的兩大公司，在製造、行銷及配銷瓶裝碳酸飲料各方面都是世界級專家。兩家公司擁有數十年的經驗，還有眾人難以匹敵的專業技術與資源，但也無法撼動市場失敗定律。可口可樂推出的新可樂（一九八〇年代中期重新調配經典產品），經過大型市調和宣傳，但是即使經過這些努力、調查及準備，新可樂得到的反應從負評到惡劣評論都有，公司只好急忙改回原先的配方。百事可樂在推出無色、無咖啡因的水晶百事（Crystal Pepsi）時，也遭逢類似失敗。

你看過電影《異星戰場：強卡特戰記》嗎？沒有的話很正常。這部電影票房慘澹，雖然迪士尼（Disney）斥資兩億五千萬美元預算製作，並花費一億美元行銷。迪士尼在製作和行銷電影方面並非生手，而是史上最具經驗的成功電影工作室，不過即使具備這麼強大的能力，也會栽在市場失敗定律的手上。電影製片人喬治．盧卡斯（George Lucas）也一樣，在獲得巨大成功的作品《星際大戰》（*Star Wars*）後，製作的《天將神兵》（*Howard the Duck*）下場慘烈。

在開發和推出網路產品方面，Google是世界上極具經驗與能力的公司，但是在二〇一〇年，這家帶來Google搜尋（Google Search）、Google地圖（Google Maps）、Gmail的公司，也推出Google Wave這項讓團隊線上合作的新型工具。儘管Google Wave也有不少媒體曝光、熱烈討論及投入的熱忱，但也落入市場失敗定律的魔掌，因此公司只好在幾個月內就開始逐步停止使用。許多Google高調向眾人亮相的其他產品也遭遇同樣命運，例如Google Buzz和Google眼鏡（Google Glass）。數十項較不知名的Google產品也失敗或淡出市場，你曾聽過或使用通訊網站Jaiku或Google Answers嗎？

我喜歡叫學生列出曾使用或聽過的所有Google和微軟（Microsoft）產品，接著會讓他們觀看失敗的Google與微軟產品，我提供的名單總是他們列出來的五倍。如果你上網搜尋「Google失敗品」或「微軟失敗品」，就會找到眾多不成功產品的清單，包含叫做Google墳場（Google Graveyard）與微軟太平間（Microsoft Morgue）的Pinterest頁面。

當然，多數公司不會宣傳失敗品，而是在默默埋葬後繼續走下一步。不過你稍微找一下，幾乎都能對成功公司創造出類似Google墳場與微軟太平間的東西。例如，麥當勞葬窟（McDonald's Mortuary）裡可能有夭折的麥香龍蝦堡（McLobster）和呼拉堡（Hula Burger，裡面夾一片鳳梨來取代肉），還有麥克義大利麵（McSpaghetti）——身為義大利人的我覺得這讓人格外不舒服。

積極又創新的強大公司，很可能在產品失敗和成功的比率高達五比一，或是更高。不過即使是較為保守、有能力公司，失敗率還是遠高於成功率。這些失敗產品背後最驚人的事實，是涉及的人員、資源和公司不僅有能力，也往往是該領域的佼佼者，具有數十年經驗。市場失敗定律是不分對象的。

要記住的客觀事實是，想在提供市場想要的產品方面達成長久成功，即使經驗和能力是必要的，但如果產品不能引起市場興趣，經驗和能力都會失去用處。事實上，經驗和能力通常容易導致更嚴重失敗且更受大眾矚目，因為往往會投入更多，並設立不切實際的高度期望。

失敗恐懼症

總結來說，多數新產品都會失敗，失敗分成好幾種形式，光是執行得當不足以對抗市場失敗定律。不過，這些失敗的主因是什麼？我們能否找出元凶當作頭號敵人因應，做好準備，避免失敗？

在我心中有一個元凶，但不想只根據自己的經驗做出結論，所以在歷經第一次重大失敗後，決定重回Google從事原本的工作，並在投入新專案的同時，多多了解失敗。所幸，Google不僅讓我回去工作，也十分歡迎我，還給我機會研究失敗。公司對於失敗如何影響創新與推出新產品的能力很有興趣，要我和其他幾個人一起調查問題，並提出解決辦法。對我來說，這樣的安排真是再好不過了。

以公司而言，Google對失敗的容忍度相對較高。雖然失敗之獸嚇不倒這家公司，但是卻能嚇壞個別的員工，Google了解並接受失敗是創新必定會遭遇的副產品，不過多數的Google員工想要接手已經成功且為人所知的產品，而不想加入研究嶄新又未獲證實想法的小組，他們希望能對親朋好友說：「你們知道Gmail吧？我就是負責做這個的！」而不是「我是某某不知名企劃的工程師。」

人類深層對於成功相關的渴求，以及對失敗的規避，就是**失敗恐懼症**（failophobia），導致許多已經成功的公司雖然準備好接受一些失敗，卻難以維持創新。以公司層次而言，真正成功的新產品，如Gmail，能輕易抵銷數十個失敗，像是Google Wave；但對個別的員工來說，耗費兩、三年的努力，卻只能在履歷上記錄失敗的產品。我在Google擔任工程總監時，每當試著招募工程師或產品經理負責新穎、刺激但高風險的專案時，常會見到這類行為，因為失敗恐懼症的緣故，多數應徵者會選擇接受已成功專案的較低職位。

不過雖然很多Google員工想避免新的失敗，但卻願意談論**過去的**失敗，事實上他們樂於談論。許多相關討論讓我想到電影《大白鯊》（*Jaws*）中，勞勃．蕭（Robert Shaw）和李察．德雷福斯（Richard Dreyfuss）飾演的角色大談被鯊魚攻擊的故事，他們對自己戰鬥的疤痕感到光榮，並想要搶風頭地說：「如果你覺得自己敗得很慘，先聽聽我的故事再說吧！」

聽到這些聰明、有能力的人暢談自己的失敗經歷，令人嘆為觀止，但我最在意的是他們怎麼回答這個問題：你覺得產品失敗的**原因**何在？

FLOP：三個最常見的失敗原因

在訪問許多人談論失敗經驗後，浮現出明顯的三個原因：

失敗（**F**ailure）於推行（**L**aunch）、營運（**O**peration）或前提（**P**remise）上

這幾項加起來，就是一個好記的首字母組合詞FLOP。

失敗於推行上，是在新產品相關的銷售、行銷或配銷，未能達成期望市場的必要能見度和可得性；換句話說，應該需要或想要你產品或服務（也就是預期目標市場）的人不知道產品存在、不夠充分了解產品，或是無法取得產品。這可能是極為精采的構想，執行得很漂亮，產品也能

完美解決重大問題，但是你無法把資訊和把產品推展到目標市場，如此一來，就會失敗。

失敗於營運上，是新產品的設計、功能性或可靠度，無法達成使用者期望的最低門檻。例如：美觀卻不舒適的椅子、食物棒但服務差的餐廳，或是不斷故障的行動應用程式。起初或許能讓一些嘗鮮的人購買這些產品或服務，但是如果構想的實行不夠好，就會傳出負評，並遭遇失敗。

失敗於前提上，是大眾對你的構想沒興趣，他們知道這項產品，也有足夠認識，並且相信該產品能可靠又有效率地達成承諾的內容，他們能輕易找到、嘗試或購買該產品，但是實在毫無興致。

透過訪談，我找出產品會在市場上失敗的這三個主要原因，但是這些答案實在讓我有些在意。大家在談論失敗時，起初會怪罪他人，模糊結果。專案失敗時，人們會開始互相指責。以高科技個案為例，工程部門會怪罪行銷部門，行銷部門會怪罪工程部門，大家都怪罪業務部門，業務部門也怪罪大家；同樣地，餐廳失敗的話，有人會指責大廚或服務生、行銷團隊，甚至是裝潢人員。不過在我進一步要求受訪者放下指責，找尋專案失敗的基本原因時，他們察覺到參與者在特別的表現領域，無論是設計、建造、行銷或銷售職責，幾乎都很有能力或甚至是相當優異，或許他們遇到一些推行和營運問題，但這些都不是導致失敗的根本原因。

一旦不再互相指責後，多數人都會有類似的體悟：「我猜想，我們在打造和行銷產品的表現還真不錯，但這項產品還是未能引起足夠的人想要或需要，可惡！」在消除怪罪的迷霧後，一個根本原因就會浮現：前提。少數產品在市場上會失敗，是因為推行或打造的表現不佳，多數是因為產品構想從一開始就錯誤。我找到頭號敵人了，也就是新產品會在市場上失敗的最常見原因。

這個結果讓很多人感到驚訝，我自己也是。我一向在新產品上花費很多時間和精力，確保打造得正確（堅固、高品質、可擴充性、有很多功能），並且接著正確行銷和販售。但因為我們從一開始就假定是在打造對的產品，這往往會讓所有時間、精力及能力，都用來製造對市場而言是錯的產品。

多數新產品會失敗，不是因為在設計、打造或行銷上無力，而是因為這些產品不是市場需要的。我們打造**產品**的方法正確，卻沒有掌握正確的**對的它**，也就是有足夠的人想要或需要，因此值得開發的產品。

我用以下這句話總結這個體悟，這也是自己的精神標語和撰寫本書的原因及動力：

在你把它做對前，先確定你做的是「對的它」。

第二章

產品致勝要訣

——把產品做對前，要先做對的產品

對的它不僅是本書英文書名，也是本書的指引星辰，是用來打敗市場失敗定律的要訣，**唯有**掌握這一點，才能成功擊敗該定律。接下來，花些時間來釐清並延伸說明我所謂的「對的它」。首先是賦予定義，**「對的它」是指針對新產品執行得當，就會在市場上成功的構想。**

對商業界而言，構想沒有好壞，區別只是在市場上成功和失敗的構想。正如所見，多數構想會失敗，即使執行得當。少數能在市場上成功的構想有一個共同點，就是都符合**對的它**；換句話說，採用符合「對的它」的構想，再加上執行得當，構想就會在市場上成功。

這表示結合「對的它」和**你的**執行得當，就能確保成功嗎？抱歉，事實並非如此。首先，商場上沒有成功保證。其次，定義所說的是**構想**成功，而不是**你**成功。永遠可能會有由他人執行構想，做得更快、更好的情況，這種情況常常發生。事實上，一旦構想在市場上獲得證實，其他人發覺這個構想能致勝，也會一窩蜂加入，並且試圖做得更好，或是採用不同方式進行。符合「對的它」的一個範例是披薩（這大概是我最喜歡的範例），只要開車在城裡繞行十分鐘，就能看見大大小小的公司也想分一塊披薩市場。

雖然事業上的成功無法得到保證，但是如果你做著致勝的構想，成功的機會即可大幅提升。如果你使用從本書學到的工具和戰術，就能快速又確實地判斷構想是否符合「對的它」。倘若沒有妥善執行或競爭對手執行得更棒，你最後還是可能失敗，但相較於採用「錯的它」的錯誤構想，這是很大的優勢。

做得再精緻完美，照樣會失敗的產品

「錯的它」是「對的它」的相反，定義如下：**「錯的它」是指構想即使執行得當，也會在市場上失敗。**

每當有經驗和能力的團隊人員努力開發高品質新產品，卻在市場上失敗時，就是落入「錯的它」的情況。他們產品的前提（就是FLOP中的P）與現實狀況（市場需要和想要）脫節，無論多少執行得當（優秀設計、巧妙工程、無瑕品質、精湛行銷或超凡銷售），也挽救不了基於錯誤前提的產品。而且花費愈多時間和力氣在「錯的它」的錯誤構想上，你的失敗就會愈漫長、巨大又痛苦。在市場上採用「錯的它」的構想，簡直就是毫無希望，即使你想辦法建立起初的一點生意，並引發大眾對產品的興致（類似使用一些如施放煙火般的行銷手法），**長期**成功機率依然是零。

現在已經界定並解釋「對的它」及「錯的它」，接著該回答兩個關鍵問題：

一、為什麼很多照理說有經驗的人會落入陷阱，並且浪費他們的經驗和能力執行「錯的它」的錯誤構想？

二、要怎麼知道構想符合「對的它」，以免投入過多開發？

接下來會先回答第一個問題，而第二個問題則是本書第二篇和第三篇的關注焦點。

一個好產品，不能在想像的市場中誕生

怎麼可能會有很多有能力和成功的人與組織，投入許多時間和精力開發極可能會在市場上失敗的產品？專家不是應該更厲害嗎？他們難道不知道應該多做一些市調，才能啟動新產品計

畫？他們怎麼會落入「錯的它」的陷阱？

同樣地，為了回答這些問題，我訪談各行各業的數十人，詢問他們一連串犀利的問題：

你怎麼知道當前打造的產品是市場想要的……這樣啊！你有做市場調查。

你用哪些市調技巧？……真有意思。

這些市調技巧對你來說多有用？……唉呀，聽起來錯誤次數比命中次數來得多。

你用多少時間進行調查？……哇，這樣看來花了許多時間和金錢，得到的結果卻不是很可靠。

你同意嗎？為什麼還要繼續使用這些技巧呢？

我從這些訪談中得知，最成功的人和組織非常明瞭有對的產品前提，對市場成功而言相當關鍵（廢話！）。為了要確保能選對產品，他們在市調上投入大量的時間和金錢，但這些產品多數還是失敗了，究竟發生什麼事？

經由解剖有過深入調查卻仍失敗的產品屍體，我找出一個不斷重複出現而顯露有問題的規律：多數所謂的產品調查都不是在實際市場完成，而是在所謂「空想地帶」（Thoughtland）的虛擬環境。空想地帶是想像出來的地方，讓潛在新產品開始形成簡單、單純、抽象構想的起始之地，可以想成孕育構想的地方，目前這樣都還沒問題。

問題是構想在孵化後，卻待在空想地帶太久。當這種情況發生時，構想會像是船身吸引藤壺般引發很多意見，有些人覺得構想棒極了，有人則會覺得構想蠢斃了，就連所謂的專家也會意見分歧。對構想的意見並不是數據，還差得很遠，意見（opinion）是主觀、有偏見的判斷，是沒有經過多少思考、證據的隨意猜測，而且重點是意見沒有涉及代價（Skin in the Game，如果不太懂得意思沒關係，之後還會繼續討論這個重要的概念）。如果一個構想在空想地帶耗費太多的時間，就會被包覆在一團不成形的胡亂判斷、信念、偏好和預測中。

光靠空想，你無法判斷一個構想是否符合「對的它」。要判斷不該是透過你的想法、他人的想法和意見，也不是透過「專家」的想法。

你不是大預言家，我也不是，沒有任何人是，我們的預測頂多只會**有時候**正確，但這通常都是靠運氣。

如果你待在空想地帶，就無法推斷或引發「對的它」，而是要在真實世界的實驗才有辦法探索出來。不過多數市調都是奠基於空想地帶，這並不是一件好事。接下來，為了充分解釋，我會說明為什麼使用常見焦點團體（focus group）的憑藉空想市調會很危險。

焦點團體可能造成誤導

如果你不清楚行銷焦點團體，我提供一個範例解釋使用焦點團體的原因和方式。我喜歡啤酒，啤酒很適合搭配另一個我愛的披薩範例，所以就以此為例，不過流程對所有產品和服務來說都一樣。

假設有一家阿爾貝托啤酒公司（Alberto's Beer Company, ABC），這是由資深飲品執行人員經營的成功製酒公司，它想掌握更多女性飲酒者市場。為了更了解這個特定性別的市場，該公司決定使用焦點團體。首先，請女性飲酒者團體進入測試場地（裡面通常會裝設雙面鏡），並詢問她們一些問題，例如：

妳選擇飲品時，有多常選擇啤酒？
如果選擇啤酒以外的飲品，原因有哪些？
妳要怎麼樣才會願意更常選擇啤酒？

接著公司整理得到的結果，並列出類似下列的「精要分析」：

- 五五％的焦點團體參與者表示喜歡白酒勝於啤酒，因為認為白酒較適合淑女飲用。引述其中一例：「對著調酒師說『給我來一杯啤酒』，聽起來很不淑女。」
- 三一％的人同意淡啤酒喝起來「太清淡」和「沒味道」，非淡啤酒通常「太濃」或「太苦」。
- 三八％的人表示，如果有外觀和口味更偏向女性的品牌，她們會更願意選擇啤酒。

有了這樣的「數據」後，阿爾貝托啤酒公司想出新產品構想「淑女酒」，也就是有味道的細長瓶裝淡啤酒。執行人員很喜歡這個構想，並通過提案來釀製數批啤酒（或許有幾種不同口味）、設計華美的新瓶身和商標，接著執行第二次焦點團體，檢視阿爾貝托啤酒公司是否走對路。

在第二次焦點團體中，提供參與者潛在的新品牌，讓她們品嘗，接著詢問另外的問題：

如果有淑女酒可選，妳多可能選擇淑女酒勝過白酒？
如果在淑女酒和普通淡啤酒之間做選擇，妳會怎麼挑選？
妳較喜歡蜜桃口味或哈密瓜口味的淑女酒？

然後，再度整理出焦點團體的結果：

- 四七％平常選擇白酒的參與者表示有淑女酒會點來喝。
- 五四％的人表示會選擇淑女酒勝於普通淡啤酒。
- 八二％的人較喜歡蜜桃口味勝過哈密瓜口味。

結果引人矚目，阿爾貝托啤酒公司執行人員想像能在市占率有兩位數的成長，眼睛都為之一亮。他們通過淑女酒提案，並訂定數百萬美元行銷預算推出這項產品，然後開始考慮如何使用紅利獎金。

九個月後，隨著閃電般的數百萬美元行銷活動，淑女酒進入酒吧和商店貨架上。但是又過了幾個月，多數產品繼續留在貨架上，進入家中冰箱的半打淑女酒也還在，只喝了一瓶。即使有了一切的調查和宣傳活動，但很少女性嘗試淑女酒，更沒有多少人回購。淑女酒的宣傳口號應該改為「一口就夠」，市場失敗定律再次發威。

市場焦點團體結果只是幌子，讓幾個月的努力和數百萬美元像魔術般，一眨眼就消失不見。

如果覺得我對焦點團體、市調問卷及類似的憑藉空想市調太嚴厲，那是因為我聽過太多被這類研究害慘的故事案例，他們聘用最厲害的市調公司，花費大筆金額，經過幾個月後，得到看似很不錯的報告，把他們指引到錯誤的方向。我也曾落入憑藉空想市調的陷阱，每次都耗費自己與投資者幾年的努力和數百萬美元。

假設憑藉空想市調能產生更可靠的結果（這是退一萬步的**假設**），也不會成為我的首選，因為其實有更迅速、低廉又更好的方法取得所需數據。你確實可以拿昂貴的義大利鞋跟來敲釘子，但是既然有好好的槌子可用，何必非得糟蹋菲拉格慕（Ferragamo）鞋？

若是依照你的個人經驗，使用這樣的市調（拿鞋子當槌子）會比我的情況來得好，這也很好，不用因為我說的話而退縮，但是可以搭配接下來提供給你的工具和技巧；換句話說，就是用兩種不同方法執行平行的市調。如果兩種方法的結果不一致，表示其中有一種**欺騙**你。在做出重大的醫療決策時，大家通常都會尋求第二方，甚至三或四方的意見，我建議你在對產品進行相關決策時也這麼做。

你現在可能已經猜到了，我對於只知道事實本身不是很滿意，想了解這些事實背後的理由和原理，也就是根本原因，特別是在這些事實有違一般認知與實務狀況時。在這個案例中，我會想要知道為什麼憑藉空想市調很常見，而且明明表面上有道理，卻帶來不可靠與不值得信賴的結果，所以我再次追尋答案。

導致市場調查出現落差的四個問題

焦點團體和市場問卷調查的憑藉空想市調之類工具是很大的工程，有些公司會花費數十萬或甚至數百美元，針對單一新產品進行這類調查。確實，良好籌備及執行的這類市調，有時能提供**某些**有趣的見解，但要很小心的是你會多偏重這些見解，因為這些是憑藉空想的工具，因此容易陷落於心智陷阱裡。

失敗之獸並非獨自出沒，也得力於身旁小助手做的好事。這些可惡的魔物躲在空想地帶，透過牠們的捉弄方法對你的構想搗蛋。這些躲在心智中的小怪獸分別是：

一、「溝通曲解」問題。

二、「不擅預測」問題。

三、「不付代價」問題。

四、「確認偏誤」問題。

接下來逐一討論這些問題。

「溝通曲解」問題

在空想地帶首先會遇到的問題是溝通，你對新產品或服務的想法尚未具體化之前，只有抽象概念，也就是你用自己獨特的方式在腦海中想像的東西。你想把心中所見景象傳達給他人時，就會遭遇轉換的傳達困難問題，尤其在你的構想是他們以前從未見過的新內容時更是如此。

這個問題源於你想像新產品及其用法，經過自己的描述後，可能完全不同於其他人產生的想像，他們對你構想的詮釋會受到自身心智魔物的扭曲，也就是受到信念、偏好與偏見的影響。不只是對於構想的理解會和你不同，他們也會以自己對世界的獨特心智模型情境來**評判**該構想。

譬如第一次聽聞Uber乘車服務時，我對它的成功機會抱持高度懷疑，這是我在腦海中對這個構想的看待方式和評判：

> 你是說陌生人坐進陌生人的車上？不是有執照和專業駕駛的計程車，而是任何人駕駛的車輛？有誰會願意搭乘？我媽教我的第一件事就是「不要上陌生人的車」！這個構想太離譜了，一定不會成功，我絕對不會使用這項服務。

在我心裡，對司機和乘客來說，Uber就像路邊搭便車一樣不安全，即使這項服務開始有人氣，我覺得頂多成為小小市場的利基，絕對不會衝擊到計程車、轎車或大眾運輸。幾個月後，一個朋友說服我從機場回程時搭乘Uber，他說：「我保證你以後不會再坐計程車！」

我下載Uber的應用程式，幾分鐘後，就搭上一輛黑色的豐田（Toyota）Prius，司機約莫二十多歲，十分友善、健談，他請我吃糖果並給我礦泉水，還用計程車一半的車資送我安全回家。從此以後，每當需要搭車時，Uber就成為我預設的選項。在告訴女兒不可以搭乘陌生人的車幾年後，我告訴她可以試試Uber，猜她怎麼回答？「老爸，我已經搭Uber好幾個月了。」家長忠告和預設概念不過如此。

「不擅預測」問題

即使你不受傳達魔物重大扭曲，能成功表示自己的構想，也會遇到另一個更嚴重的問題。一般人都很不擅長預測自己是否想要或喜歡未曾嘗試的事物，也不清楚自己會如何與多頻繁使用。

我第一次聽到壽司，是在義大利生活的青少年時期。一個朋友從日本旅遊回來，向我描述生鮪魚、鮭魚、鰻魚和蝦子的料理。我以為對方是在開玩笑，因為生食魚類聽起來很噁心，不過我現在很愛壽司，每週至少都要吃一次。

回到Uber的主題，談論預測問題。雖然我接受搭乘除了計程車以外，由陌生人駕駛的車輛，也誤以為自己使用Uber的情況會和搭乘計程車或轎車一樣，也就是每幾週一或兩次，然而我的預測卻錯得離譜，搭乘Uber的頻繁程度是坐計程車的三到四倍。

另一個沒預料到的結果是，我的女兒認為面對舊金山繁忙的交通和停車困擾，改搭Uber會更容易且符合成本效益。為了驗證這個憑藉空想的情境，她決定執行六個月的測試，看看會多想擁有自己的車，還有搭乘Uber與使用自有車輛的費用差別（車險、保養、油錢）。她把自己的豐田汽車停在停車道上，擱置鑰匙，搭乘Uber返回公寓。過了六個月後，她就有所需數據能做出充分評估的決策。她和我們都很驚訝，她決定賣車，而且直到現在都沒有購車的打算。

總之，人類實在很不擅長預測自己是否會使用新產品或服務，以及使用的方式和頻率。

「不付代價」問題

「代價」對本書來說是很核心的概念，你在之後還會看到好幾次。你可能不熟悉這個表達用語。**代價**是指一個構想對於結果投入的利害關係，也就是涉及獲利或失利。譬如你覺得創業家朋友會很成功，而鼓勵對方辭去優渥工作，開設新公司，這是一回事；但是若你拿出一萬美元支持對方開設公司，這又是另一回事。用一萬美元來付出代價，如果朋友做生意失敗，你就會失去投資的錢。

人們好為人師、愛給建議，要是不用付出代價，很容易不經思考就隨便提供意見，因為無關自身利益增減。回到阿爾貝托啤酒公司的淑女酒焦點團體範例，這類市調的一個主要問題，在於參與者不受結果影響。如果焦點團體參與者對問卷問題給予熱情回覆，而阿爾貝托啤酒公司推出淑女酒失敗，對她們也無關痛癢。關於代價，之後還會有更多的討論。

「確認偏誤」問題

前三個問題挑戰我們蒐集資訊的可信度，最後這個問題則在於我們如何解讀資訊。

確認偏誤（Confirmation Bias）是指我們身而為人很容易尋求能證實既存信念或說法的證據，並會避免或不重視與之相反的東西。換句話說，我們不僅未能找出客觀的蒐集資訊方式，也未能用客觀方式看待蒐集的資訊，而會選取並更重視能證實自我信念的數據，忽視反方的立場。這也是美國保守派收看保守派頻道，而自由派收看自由派頻道的原因。

多數人不喜歡自己的信念受到挑戰，更別說是被證實完全錯誤。確認偏誤會影響我們設計實驗、解讀結果和做結論的方式。如同認知與數學心理學家阿莫斯．特沃斯基（Amos Tversky）所說：「一旦我們採行特定的預設或解讀，就會大幅誇飾這個理論的可能性，並且很難用其他觀點看待事物[2]。」

四個問題綜合導致的結果

上述每個問題都能把我們導向錯誤結論，相互聯手之下就會這樣：

首先，原先的構想遭到傳達上的扭曲。

接著，評斷這個遭到扭曲的構想時，又因為每個人獨特的經驗和偏見受到影響。

再來，他人提出沒有付出代價的意見。

最後，針對這些從偏見評斷得來的遭到扭曲構想，所提出的不痛不癢意見在選取和解讀時，恰好證實自己想相信的事。

總之，空想地帶無法給予可靠、客觀又能加以行動的數據，而是擠出一團團主觀、偏見、引入歧途且誤導人的意見。

---

2 讓憑藉空想市調這麼難以準確預測市場對產品興趣的問題，屬於本身要多調查的認知錯誤和偏誤一族。丹尼爾．康納曼（Daniel Kahneman）於二〇一一年出版的著作《快思慢想》（*Think Fast and Slow*），提供極佳的參考資源，讓你找出更多看似理性大腦在多數時間會欺瞞自己的證據與範例。

確實，這些意見也可能符合市場現狀，畢竟壞掉的鐘錶一天也有兩次精準對時，但是空想地帶通常會產生錯誤肯定（false positive）和錯誤否定（false negative），也就是結果顯示有市場但其實**沒有**，或是結果顯示沒有市場但其實**有**。

空想地帶與錯誤肯定

空想地帶會產出錯誤肯定，這時候你對新產品的構想蒐集到足夠的正面意見與預設說法，讓你認為該構想值得追尋，或許甚至值得搶先他人，迅速追求並投入一切。你充滿熱忱和不會失敗的態度，做出大型投資開發該構想，經過數個月（或甚至數年）後，你推出巧妙而執行得當的新產品，然後就……沒有了。這些散發光芒和黃金預測、這些「你打造出來，我就會來（或是我會購買、使用、採用）」的承諾從未兌現，至少從數字來看，未能達成期望。

錯誤肯定有多常是空想地帶造成的？根據多數新產品會在市場上失敗的客觀事實，像是紐約市的蟑螂一樣頻繁可見。你聽到一個令人引頸期盼，也看來很有前景的新產品居然會失敗的消息，就是這裡所說的情景，如同蟑螂一樣，在聽聞的每個案例背後，都躲著無數個你從未見到的案例。

在各行各業都能找到錯誤肯定的戲劇性範例，但我特別挑選一個經典的精采案例解說，也就是不算小型的新創公司 Webvan。

一九九〇年代晚期，大約是亞馬遜（打造「對的它」的好範例）開始以新的線上商店顛覆書籍和光碟零售店，一群聰明、成功又有經驗的人認為，雜貨生意也是時候來一場亞馬遜式的顛覆革命了。這聽起來很穩當，畢竟多數家庭在雜貨的開銷遠多於書籍或光碟的花費。此外，因為到超市採購花椰菜和切達起司的趣味與興奮感，遠遠不及購買書籍或光碟，期望市場更迅速普及也很符合邏輯。

這非常合理，我喜歡逛書局，也很期待那種體驗，對超市就沒有同樣的熱情了。整體來說，線上雜貨生意看來就像是畢生難得可貴的機會，市場遠大於亞馬遜具有的，也可能更強勁，至少 Webvan 在空想地帶是這麼認為的。

根據這一點，Webvan 創辦人決定建立新公司，讓人能簡便地在線上訂購雜貨，並由貨車在特定時間宅配到家。幾乎所有聽到這個構想的人，包含企業分析師、雜貨顧問、網路專家，都同意這是龐大的市場商機。更重要的是，受訪的潛在客戶也有一樣的熱忱：「那樣就太好了，我討厭採購雜貨、排隊和搬貨上車這些事。」

也就是說，有許多興奮感、承諾及熱絡氣氛，卻沒有付出代價。對了，身為潛在顧客的我，反應也和其他多數人一樣，我已經用慣亞馬遜了，迫不及待地想看到Webvan推出。我不僅預測Webvan會很成功，也認定自家會轉換購物型態，改以線上購物為主。

從空想地帶觀點來看，前方就像是萬里無雲的晴空。Webvan要做的就是好好執行，以及動作迅速，免得被其他人搶走不容錯失的先機。Webvan從業界最佳創投取得首輪的一百萬美元資金，接著緊鑼密鼓地聘僱人員、採購和打造設備。該公司招募數百人、與數十個商業夥伴簽約、採購或建立大型的冷凍倉儲，當然也購買眾多貨車，車身漆上米色的Webvan公司大型標誌。最後，Webvan募集並斥資超過八億美元。

你可以猜到後續的情況，Webvan推出時獲得極高的關注和曝光度。但不知為何，讓大量消費者離開超市隊伍，轉向定期線上訂購雜貨，這樣的空想地帶預設卻從未兌現，至少和憑藉空想市調預測的銷售額差上許多。無論原因為何，網路很適合販售書籍和光碟，不代表也會是適合採購雜貨的平台。

二〇〇一年，Webvan在營運約兩年後申請破產。米色的公司貨車在破產拍賣會上出售，有些至今還可以在矽谷的路上看到，甚至能隱約看見Webvan的標誌輪廓，提醒我們在空想地帶花費太多時間和信念的下場。

空想地帶與錯誤否定

我們剛看完錯誤肯定會使人過度投入「錯的它」的錯誤新構想，而錯誤否定的效果正好相反，會讓人拋棄符合「對的它」的產品構想。

以下是錯誤否定通常會發生的情況。你擁有自認為很棒的構想，也就是可以解決常見問題的新方法、新的市場機會，或是懸疑故事的好情節。你忍不住興奮感，在空想地帶轉了一圈。你把構想分享給親朋好友、可能合作的夥伴或投資者，還有潛在使用者等所有能找到的聽眾，像是喝一杯星冰樂都能醉的大一啦啦隊員，很熱情地解釋構想，不過多數人並未和你有著同樣的觀感與興奮感，而是不能理解這個構想，紛紛表示：「哪裡會有人想用？」、「這個構想很蠢」、「好好做正職工作」等。

起初，你想辦法承受一些打擊，想起魯德亞德．吉卜林（Rudyard Kipling）詩作〈如果〉（If）的一句話：「如果在所有人懷疑你時，你仍能相信。」於是你振作起來，再接再厲，但在遭遇更多打擊後，你想起那首詩的下一句：「但也諒解他們的質疑。」你允許一些質疑的聲音出現，很快就決定放棄構想，並且開始想著自己為什麼會認為那個想法有用。

大約一年後，聽聞其他人和你抱持著一模一樣的構想卻成功了。這時候空想地帶又產出錯誤否定，並成功地對人下手。

既然你在閱讀本書，你可能會是常常有些新產品或新生意想法的人，我打賭剛才描述的錯誤否定對你來說很熟悉。我自己已經歷過不知多少次同樣的事，在某些情況下，我是構想被其他人勸退和嘲笑的那方，但有時候也是勸退別人的那方，讓我再分享更多的例子。

當初我得到機會，加入沒沒無聞的新創公司Google，受邀擔任首任工程總監，那時候幾乎所有的朋友和前同事都覺得這一步並非明智之舉。在他們看來，已成氣候的搜尋引擎已經有好幾家（記得Alta Vista嗎?），還有更好的入口網站，像是雅虎（Yahoo!），換句話說，市場已經有人承接並飽和了。

我不顧他們的意見，還是加入Google。幾個月後，我想讓一個朋友也加入，一同參與Google廣告團隊。我告訴對方，我們正在建立史上一大神奇的生財機器，再過幾年後就能產出數十億美元，對方的回應是：「要賺點錢是有辦法的，但我覺得也沒有多少，我從不點選線上廣告。」

我想招募的另一個朋友，選擇從事雅虎較低的職位。在他看來，Google是較弱的網路競爭對手，也不會出頭，他認為Google極簡風的首頁很愚蠢，浪費寶貴的螢幕資源，不像雅虎什麼都有、什麼都不奇怪的登錄頁面，並且認為Google頁面排序的演算法不如雅虎的手動策畫結果。

在任職Google這件事上，我賭贏了，其他朋友還在舔舐傷口。不過我也曾多次選錯邊，以下簡短列出自己起初聽到不以為然的構想和反應：

推特（Twitter）：誰會喜歡追蹤像我這樣的人？拜託，我才不想被追蹤，況且不能超過一百四十個字元的上限規定又是怎麼一回事？

Uber：不用了，要是我找不到計程車，也付不起轎車費用，寧可搭公車，也不要坐上無職業駕駛執照陌生人的車。下一個潮流會是什麼？去陌生人的房間過夜嗎？

Airbnb：你是說租借房間給不認識的人留宿？我無法想像有夠多人願意這樣開放自己的家，或是有夠多人想在陌生人的家中睡覺，你看過恐怖電影吧？

特斯拉（Tesla）原版的Roadster：用十二萬美元買一輛純電動雙座敞篷跑車？這些錢都可以買保時捷（Porsche）或二手法拉利（Ferrari）了。

要說下去還可以講好幾頁，但我想目前說出這些，你就明白了。我要補充的是，對於上述構想與公司一開始的負面意見，不是只有我這麼想，和我聊過的人大部分都有類似反應。對多數新構想而言，這種情形時常發生。

就在今天早上，我看到新聞說亞馬遜同意買下Ring[3]，這是一家製作用Wi-Fi連結的視訊門鈴和其他居家保全產品的公司，收購金額尚未公布，但據傳將近十億美元。我為什麼會提到Ring？因為數年前，該公司創辦人暨執行長傑米．斯米諾夫（Jamie Siminoff）還未能說服任何人投資他的視訊門鈴構想，甚至無法與熱門電視節目《創智贏家》（*Shark Tank*）談生意成交。事實上，身為節目資深投資者和電視資訊業專家，並有「ＱＶＣ天后」之稱的蘿莉．格雷納（Lori Greiner）評論道：「你絕對無法在ＱＶＣ電視購物台上販售這項產品。」

近期ＱＶＣ活動上，斯米諾夫表示，他在二十四小時內售出十四萬組視訊門鈴（價值兩千兩百五十萬美元），晉升為當年度最成功的ＱＶＣ銷售。哎喲！算上其他通路販售的，要再加上兩百萬組，這就是我們在空想地帶一大錯誤否定的案例。要是一池充滿鯊魚的智庫都會出錯，我們這等小小孔雀魚又有多大的機會？

遠離空想地帶，洞察真實市場

結合市場失敗定律和空想地帶，你很可能會淪落到以下其中一種情境：

- 忽視市場失敗定律加上從空想地帶得到的錯誤肯定之威力，讓你過度投入「錯的它」的構想，就是即使執行得當也註定會失敗的構想。
- 害怕失敗加上從空想地帶得到的錯誤否定，讓你放棄追求有潛力成為「對的它」的構想，就是執行得當即可成功的構想。

如同先前提到的，來自空想地帶的意見有時候也會符合真實世界。錯誤肯定和錯誤否定是常態，但**正確**肯定與**正確**否定也有可能發生。

有時候，構想在空想地帶獲得熱烈回響，並依此推出後成功。「我就知道會有一番成果！」也有構想在空想地帶受到慘烈攻擊，不顧否定，執行後確實一敗塗地。「不是早就說了，你覺得能再回到原本的工作嗎？」

要怎麼知道從空想地帶得到的肯定與否定是錯誤或正確的？我的結論是無從得知，因為有溝

3 Ali Montag, "Amazon Is Buying Ring, a Business That Was Once Rejected on 'Shark Tank,'" CNBC, February 27, 2018, https://www.cnbc.com/2018/02/27/amazon-buys-ring-a-former-shark-tank-reject.html.

通曲解問題、不擅預測問題、不付代價問題，以及確認偏誤問題等，太多情況都會錯估構想的成功率。

但如果無法信任自己的意見、他人的意見，或甚至是專家的意見，要怎麼判斷你要開發的構想可能會成功？

這時候就需要數據！

第三章
數據比意見更重要
——如何創造自己的第一手數據

本章章名來自Google的關鍵營運原則之一，我向來相信，理性的自己都是根據數據和客觀事實，做出多數工作相關決策。直到二〇〇一年在Google工作，我才察覺到自己的意見、偏好及偏見，會如何影響決策流程。我不至於說Google完全不重視人的意見，但是經過幾次會議後，我學到如果無法用夠客觀的數據佐證意見，就很少有機會能贏得論辯或說服同事。

不只如此，我也學到公司在數據所推動的決策流程上相當嚴謹，多數人認為是數據的東西，無法在Google輕易過關。為了進入決策流程，接受認真考量，提供的數據要符合幾個重要標準：

新鮮度：數據必須新鮮，愈新鮮愈好。這是因為幾年（甚至幾個月或幾週）前符合現況的事，現在已經不適用了。科技業和線上世界特別注重這一點，因為大眾的態度與期待轉變得很迅速。

例如在一九九〇年代晚期，網站效能準則之一是網頁載入速度必須在八秒內完成。一份知名的研究顯示，要是網頁載入時間超過八秒，至少有半數的訪客會失去耐心，並離開網站。

現在對九成的使用者而言，八秒簡直是等到天荒地老，我們期望網頁能在一瞬間載入，如果超過兩秒就會離開了。這個「八秒原則」變成「兩秒原則」，而且在幾年後可能會變成「半秒原則」。有些類別的數據失去新鮮度的速度，比悶熱汽車後座的香蕉腐壞得還快，有些的效期則較長。可惜的是，過時數據不會像成熟香蕉一樣長褐斑和變軟來提供警示，也沒有附上參考的有效期限，所以你要慎選使用數據。如果對新鮮度有所懷疑，就把數據丟了吧！

強力關聯度：數據必須直接適用於評估的產品或決策。這個標準聽起來很明顯易懂，但是關聯度弱的數據滲入決策流程的情況會讓你嚇一跳，像是多數麥當勞（McDonald's）顧客不會想點漢堡搭配洋蔥圈，並不表示你不該在漢堡餐車的菜單上包含這個品項。

確知來源：做決策時，你不該仰賴蒐集自其他人、在其他組織，或是用於其他專案的數據。誰知道這些人是用什麼方法蒐集和篩選數據的？又有誰知道他們在整合並總結數據時，受到哪些偏見、影響因子及動機左右？舉例來說，前面提到的「八秒原則」等研究，是由販售加速網站效能的產品和服務公司贊助進行，所以對於顯現支持自家業務產品的數據有著既得利益。務必知道你的資料是從何而來，還有蒐集與篩選方式。

統計顯著性：數據必須具有統計顯著性，要有夠大量的樣本數來確保結果不能歸類為隨機結果；還有除非你想在同事面前出糗，否則不要提出個人經歷，或僅供一次用途的事例當作數據。我在Google早期任職時曾犯過兩次這樣的錯誤，很快就被斥責：「軼事不算數據。」

要說明清楚的是，在Google，沒有人坐下來正式和我一一談論這些標準清單。不過經過幾場會議後，我就學到「數據比意見更重要」（data beats opinions）中的**數據**，是指**新鮮、相關、可信賴，並有統計顯著性的數據**；也學到要以最快速和最可靠的方式取得這種資料，方法就是自行蒐集，因此深知不可盡信「他人數據」。

不可仰賴他人數據

你不該仰賴他人產生的數據（簡稱「他人數據」），藉此判斷自己的構想在市場上是否會成功，這是很誘人，卻懶惰又危險的捷徑。

首先，定義我所謂的他人數據。他人數據是指**由其他人、為了其他專案、在其他時間和場合、用其他方法蒐集並整合的市場數據**。他人數據違反剛才列出的一項或多項標準，包含新鮮度、關聯度、可信賴度及顯著性。其他人處理和你類似的構想時，他們實驗、行動與決策所得來的相關數據，可用來**補充**並**以資訊支應**你的行動與決策，但是還不夠，而且**不該代替**自行蒐集資料。我來解釋原因。

當你認為自己有一個對事業、產品或服務的新構想時，有五種可能的情境：

一、你是想出這個構想的史上第一人，世界上沒有同樣的東西。

二、其他人有同樣或類似的構想，而

A 選擇不追求。

B 積極追求，但是還沒有推行。

C 追求後推行而失敗。

D 追求後推行而成功。

我們來一一細看每種情境：

情境一：你是第一個想出構想的人。這個情境的可能性極低，我會知道這一點是因為不斷想要產出嶄新又獨特並可行的產品構想，用在前型設計課堂和工作坊，但這簡直就是不可能的任務。即使我推展可能性、口味或倫理道德（如給狗喝的啤酒、松鼠漢堡、複製貓）到極限，還是發現有人比我搶先想出來。此外，就算現在網路上有著各種資訊，但還是不可能確知世界上某處有沒有人正在醞釀或私下進行類似的構想。在這種非常不可能發生的完全自創構想情境裡，不用擔心他人數據，因為根本就沒有，你到了無人之地，要自行從頭蒐集所有的數據。

情境二A：其他人有類似的構想，但選擇不追求。這種情境提供零可用數據，雖然沒有人決定要發展與你類似的構想，但不表示該構想在市場上不會成功（如果執行得當的話）。想到新構想很容易，要追求則需付出努力、做出犧牲、付出代價等。多數人有很多的構想，但是什麼都沒做，這一點能讓你知道這些人的狀況，卻無法告知該構想成功的潛力。

情境二B：其他人正積極追求類似的構想，但是還沒有推行。這個情境未能提供任何有意義的市場資料，因為除非你偷偷監視對方，否則也不知道他們的構想和你有多相似、他們採用什麼市場測試與實驗，以及他們的風險承受度等。

情境二C：其他人追求類似的構想，推行而失敗。這種情境能給予我們一些數據，卻不足以用來做出決策。他們可能在執行的幾個方面搞砸了，或是他們的產品在細微但重要的地方與你的構想不同，更不用說如果這個構想是在不同時間、地點或針對不同對象進行，結果可能不適用於你的構想與目標市場。商場上總是有許多構想在某些時空失敗，卻在其他時空成功，例如麥當勞的麥克義大利麵在多數國家都失敗，但是說來你可能不信，它在菲律賓大受歡迎。

情境二D：其他人追求類似的構想，推出並成功。這種情境給予我們更可能相關的市場資料，但也不足以做出下述決策。有人在該構想上成功，並不表示你用類似構想也會成功。例如史蒂芬．金（Stephen King）在一九八三年寫了殺人車《克麗絲汀》（*Christine*）的故事，結果大賣，甚至改編成電影，但不表示我撰寫奪命重機《瑪德琳》（*Madeline*）的著作也會成功。

我要說的結論是，你不該光憑其他人所做或未做的類似構想，來對自己的構想做出決策，因為他們的經驗、結果及數據不見得適用於你的構想。

意思是我要你忽略其他追求類似你構想和市場的他人資料嗎？也不是那樣，我沒有要你完全忽略，因為他人數據可能有一些或甚至很多能讓你學習的地方。事實上，之所以要你不要仰賴，是因為他人數據不夠充分。要判斷新構想的市場潛力時，他人數據實在不夠，而且無法替代**自我數據**（Your Own DAta, YODA）。

必須創造自我數據

你親自產出的數據，是由**自己的團隊**蒐集來驗證**自己**構想的第一手數據。要獲得自我數據，數據必須符合新鮮、相關、可信賴且顯著性的標準。自我數據和他人數據相反，有更高的價值。他人數據看似較容易蒐集，尤其現在網路上有著各種數據資訊，但不要因為容易取得的程度而被騙了。因為一些自我數據就能抵得上一堆他人數據。最值得慶幸的是，蒐集自我數據並不困難、耗費時間或昂貴。事實上，相較於要挖掘和整理一些陳腐的他人數據，取得新鮮的自我數據更簡單、迅速又有趣，尤其是在使用本書第二、三篇的工具及戰術之情況下。

快速複習

在第一篇中，我們花費很多時間了解失敗。這感覺起來實在不是很鼓舞人的開始，不過了解新產品在市場上失敗的情況和原因，是懂得欣賞與使用後續第二、三篇工具、技巧和戰術的關鍵前提。然而在我們繼續之前，要先花點時間總結目前學到的。

以下是第一篇的重點，值得重複觀看、記誦或乾脆紋身來提醒自己：

- 市場失敗定律：多數新產品會在市場上失敗，即使執行得當。
- 多數新構想會在市場上失敗，因為它們是「錯的它」，也就是無論這些新構想執行得多好，都無法引發市場興趣。
- 要在市場上成功的最佳方法，就是將「對的它」的構想執行得當。
- 不該仰賴自己的直覺、他人的意見或他人數據，來判斷新構想是否為「對的它」。
- 判斷構想是否為「對的它」的最可靠方式，就是蒐集自我數據。

在本書第二、三篇，我會向你介紹三類工具和技巧，幫助你蒐集、分析與解讀自我數據。**思考工具**有助釐清你的構想和辨識所要蒐集的數據；**前型設計工具**有助你在市場上測試構想，而能有效蒐集自我數據；以及**分析工具**協助你客觀解讀蒐集的數據，並幫助你將這些數據轉化成決策。

第二篇

實用市場測試工具

第四章

思考工具

——做出能清楚辨識市場大小的假設

我們已經看到當思考混沌又缺乏確認現況時，待在空想地帶會發生什麼事。確認現況的部分稍後再提，首先要先修正自己對新產品構想的思考方式。

想法明確萬分重要，如果你的新產品構想不夠準確而含糊不清，或是有好幾種解讀方式，就沒有可以向前發展的堅實基礎。在實測構想之前，你必須能夠清楚且準確地表達這個構想，如此才能設計出有意義又能提供可信任資訊的測試。

在接下來幾節中，你會學到一套被證實有用的概念和工具，用來去模糊化、釐清並讓你的思考變得敏銳，首先是非常重要而強力的「市場參與假想」（Market Engagement Hypothesis, MEH）。

市場參與假想

記得第一篇提及的成功方程式嗎？

對的A×對的B×對的C×對的D×對的E等＝成功

想讓構想在市場上成功，好幾項關鍵因素都要相互配合。光是擁有自認為很棒的新餐廳概念並不夠，還要聘僱能勝任的廚房內外場人員、舉辦有效的行銷宣傳活動提高知名度、得到第一波正面評價，並且祈求地獄廚神高登．拉姆齊（Gordon Ramsay）沒有在對街開一家餐廳搶客人。不過正如我們看到的，倘若你的構想不是「對的它」，執行得當、有經驗和甚至好運氣都救不了你。如果主廚或餐廳人員不可靠，你可以撤換他們；如果第一波行銷活動失敗，你可以再重新行銷一次，但如果你餐廳的前提（概念本身）是「錯的它」，又該怎麼辦？難道要改變大眾的內心想法？我對此只能表示祝福！

若是市場相信（無論實情真假）名叫超俗賣壽司（Cheapo Sushi）的餐廳感覺容易食物中毒，於是決定連試都不試，你就完了。如果市場難以接受你的構想，這是勉強不來的。我盡量簡短說明，這一點叫做**「沒有市場，無路可走」（If there's no market, there's no way）**。

但你的市場是指什麼？又要怎麼界定和判斷參與度？你要對這些問題百分之百明確。現在要登場的是市場參與假想，我把它的首字母縮寫成MEH（拜電視節目《辛普森家庭》（*The Simpsons*）所賜，「meh」（咩）字感嘆詞已成為常用詞彙，表示對某事缺乏興致或熱忱，這也是市場常會對新構想做出的反應）。

市場參與假想辨識出市場參與你構想的關鍵信念或假設。眾人會不會想要更加了解、探索、嘗試、採納、購買這項產品？要是他們採納、嘗試或購買，使用情況和頻率會是多少？會不會再回購或推薦給親友？換句話說，市場參與假想表示你對構想引起市場回響的看法。

如果你的市場參與假想是錯的，很可能你的看法是妄想或一廂情願的想法，這樣的話，最好重新回顧、做出調整，或是轉而著手其他的構想；但如果你的市場參與假想是正確的，就還有機會戰勝市場失敗定律。

因為市場參與假想很重要，不只要明確，也要可測試且盡可能用數字來表達。不過別太急著談到後面的事，現在我先讓你看看典型的市場參與假想是什麼樣子，接著再說明要如何改善。先從以下幾個例子切入。

構想：超俗賣壽司，便宜的壽司餐車，提供九十九美分的低價鮪魚捲。

市場參與假想：如果像其他速食一樣提供快速又平價的壽司，許多喜歡吃壽司的人會選擇它，而非選擇漢堡、塔可餅或其他較不健康的食物。

構想：Webvan，雜貨的線上訂購及宅配。

市場參與假想：根據意見，許多家庭會選擇定期線上購買雜貨，取代到超市採購。

構想：漫威（Marvel）卡通角色霍華鴨（Howard the Duck）為主角的電影。

市場參與假想：大家喜歡虛構的鴨子角色〔唐老鴨（Donald Duck）、達菲鴨（Daffy Duck）〕，所以會一窩「鴨」看霍華鴨主演的真人版電影。

構想：Netflix（公司尚未提供線上串流，而是發送影片光碟的初始商業模式）。

市場參與假想：如果我們提供寄送影片光碟服務，只收取低價的月租費，而且不用支付逾期歸還費，會有很多人轉而向我們訂購，而不是到出租店租借。

這樣一來，你應該了解意思了。市場參與假想是短短一句話囊括構想的基本前提，外加對市場參與情況的期望。

我必須坦承，在開發市場參與假想概念時，滿想用**寄望**（hope）或**妄想**（hallucination）的詞彙取代**假想**（hypothesis），這樣市場參與假想就會變成「市場參與寄望」或「市場參與妄想」。因為多數時間後面這兩個詞彙，更能精準描述人們在發想構想時，待在空想地帶磨蹭許久，想像市場會接受他們的構想，這就是抱持寄望與妄想：

> 辦公室的大家都很喜歡我做的低脂甘藍蔬食餅乾，他們說我應該開業販售。對了，在食品量販店工作的鄰居也告訴我，這就是他們顧客會想要的烘焙品，她說我可以賣到每包三美元沒問題！所以我決定辭職，把房屋申請二次抵押貸款，投資商用烘焙設備，聘僱幾個助手，等三個月後，我的甘藍蔬食餅乾就會大賣！

她乾脆再加上披頭四（The Beatles）〈露西與閃耀鑽石飛翔於空中〉（Lucy in the Sky with Diamonds）歌詞提及的，橘子樹、橙色蒼穹、擁有萬花眼美瞳的女孩……這麼說吧！說到新產品或事業的構想，多數人不需要吸食迷幻藥就能出現妄想。過去幾年來，我也有過幾次這樣的妄想。

問題是，有時候這些妄想也會成真，有時候你想像的市場會如期望般實現。而且偶爾你新產品的市場其實很大、很飢渴，勝過你或其他人原先的想像；換句話說，有時候你的市場參與假想會是正確的——你的構想是「對的它」。當然，還是要執行得當，而且在達成市場成功前要克服許多阻礙，不過幾年來，我學會仰賴下述的事實：**「有市場，有門路」（If there's a market, there's a way）。**

如果平價壽司有真正的需求，而超俗賣壽司店能找到低成本的魚肉供應來源，因此可用九十九美分販售鮪魚捲。人的創意潛能無限，而且通常在對產品市場需求有了堅實證據（不只是信念或寄望），通常就能找到解決方案。形成精準定義和找出該市場需求的存在，就是市場參與假想的用途，這是很重要的工具，也是在對抗市場失敗定律不可妥協的第一步。

現在你已經對市場參與假想有了大致的概念，接著學習如何把它變成我承諾提供給你的利器，首先就從數字開始。

用數字說話

你是否熟悉這句話：「不是所有真正算數的東西都能計量，也不是所有能計量的東西都真正算數。」這是很棒的一句引述，要好好依循，不過下面這句話也是千真萬確的：「有些真正算數的東西**可以**計量，而且**應該**計量。」

我在Google工作時培養一個寶貴的習慣，就是避免用語模糊，並且盡可能以數字表達。如果「數據比意見更重要」，表達該數據的最佳方法就是**用數字說話（say it with numbers）**。例如比起唐突地說：「我相信把『訂閱』按鈕做得稍大一點，就會得到多一些點擊數。」受到良好訓練的Google員工會把「稍大一點」和「多一些」轉化成具體數字，把含糊意見變成可實測假設：

含糊意見：我相信把「訂閱」按鈕做得稍大一點，就會得到多一些點擊數。

可實測假設：如果把「訂閱」按鈕調寬二〇％，就會得到至少多一〇％的訂閱人數。

用數字說話，含糊信念就會成為明確陳述的假設，並且可以進行實測。在這個例子中，可以做的明顯實驗就是把使用者分成兩組：A組（按鈕維持原先大小）和B組（按鈕調寬二〇％），然後比較兩組得到的點擊數。

實測結果：我們以一千次的頁面瀏覽來進行A／B測試。結果顯示，將「訂閱」按鈕調寬二〇%後（從一百像素調高到一百二十像素），得到多一四%的訂閱人數。

如果這些結果能通過好幾輪測試，團隊就擁有強力的證據，即自我數據，而不只是意見或揣測，表示按鈕放大能帶來更多訂閱數。

含糊思考加上意見，如同吸引失敗之獸的貓薄荷，簡直就是引狼入室。要去除思想中的含糊之處，最有效的莫過於數字。最棒的是，這些數字一開始只要概略的估算值。事實上，情況不允許還硬要提高準確度並非好事。所以在前述例子裡，初步假設使用的是概略數字（如二〇%、一〇%）。在這個階段，我們只是做出合理猜測，要用更精準的數字可說是太急於求成（又荒謬可笑），因為那要交由實驗處理。例如經過幾輪測試，我們可能得知「訂閱」按鈕的最佳大小是「一百二十四像素」（比原先的寬度多二四%），而這樣的寬度增加能帶來比原先多一三．八%的點擊數。

現在你了解我所謂的「用數字說話」，接著就把這個方法套用到市場參與假想。

XYZ假設

市場參與假想是關鍵的第一步，也是必要的工具。不過就像剪刀或刀刃，要是工具不夠銳利，用處自然也不大。我們要把市場參與假想磨利的方法，就是用另一個叫做「XYZ假設」（XYZ Hypothesis）的工具來重寫假設。我在史丹佛辦公時間因為遭遇挫折而開發這項工具，當時的狀況如下。

我試著要一個小團隊的工程學生，針對個人空氣汙染監測器構想，把「用數字來說話」套用到市場參與假想。學生在描述市場和潛在客戶對產品的接受情況時，總是表達得含糊不清。以下是學生提出內容的範例：

> 住在重度汙染城市的一些居民，會有興趣購買合理價格的裝置，幫助他們監測並避免空氣汙染。

所謂的「一些居民」是多少人？哪些城市算是「重度汙染」？「會有興趣」表示什麼？「價格合理」又是什麼意思？

我們聚集在教室討論，稍早使用教室的學生在白板上留下一些數學方程式，我看了看這些方程式，於是有了想法。我迅速離開座位，拿起白板筆，走向白板，並寫下以下句子：

至少X%的Y會Z。

然後我解釋道：「X是你目標市場的特定百分比，Y是目標市場的明確描述，Z則是你期望市場對構想的接受情況。你可能會想起中學的代數，X、Y、Z是用來表示未知變數的字母，而這確實就是你構想所處的情境——你面對的就是眾多的未知數。不過你可以對這些未知數開始做一些合理猜測、進行一些簡單的實驗來實測起初的假設，並且視需求做出調整。」

最後，學生微笑點頭，我講的話能點醒他們了。經過幾次往返、消除含糊點，他們就有一個能加以重視、可實測又用數字說話的假設：

至少一〇%住在AQI大於一百之處的居民，會購買價格一百二十美元的可攜式空汙感測器〔AQI指的是空氣品質指數（Air Quality Index），也就是對空氣汙染的客觀測量〕。

請注意，X、Y、Z的初始值只是開始所用，依照學生認為要讓構想可行的最小市場規模進行猜測。一〇%會是對市場的良好估算嗎？AQI大於一百是正確的嗎？一百二十美元是正確的價格嗎？或許不是。這些初始數字可能和實際相差甚遠，但是至少學生能界定所指的「一些居民」、「重度汙染」、「會有興趣」、「合理價格」，因而可以實測是否符合市場狀況。

除了能接受實測外的優點外，XYZ假設是讓團隊把預設內容變得明確的極佳工具。有一個學生認定的合理價格是兩百美元，另一個學生則認為這個價格恐怕無法達到一〇%的市場，所以應該將裝置定價在八十到一百美元之間。這兩個學生原本不知道彼此對定價意見會有不同，但是在必須把「合理價格」訂出數字時，就顯露出意見分歧。哪一個學生說的價格是正確的？我們並不知道，或許兩人都是錯的。很可能這兩個價格都沒有顯著的市場，或是任何價格都沒有市場，很可能無論什麼原因，大家就是對可攜式空汙感測器沒興趣。最終，市場會決定所謂的「合理價格」，但是以目前來

使用 XYZ 假設前	使用 XYZ 假設後
一些居民	至少 10% 的人
重度汙染城市	AQI 大於 100 的城市
會有興趣	購買
合理價格	120 美元

講，學生各退一步，折衷出一百二十美元的初始價格。

經過證實，XYZ假設格式是很棒的「去模糊化工具」，將廣泛又不準確的詞彙（「一些」、「重度」、「合理」）換成準確的描述，也把「會有興趣」的模糊概念改成具體以「一百二十美元」「購買」的行動。

在第一次成功後，我認為XYZ假設格式可能會是很寶貴的工具，於是請一位學生拍攝白板照片，紀念那個**頓悟**時刻。

很高興當初留有紀念，因為我的猜想被證實是對的。XYZ假設成為我工具包內持續可用的重要工具之

一，也是我會第一個教導的內容。事實上，如果只有幾分鐘可以協助有志創業者或產品經理，我會把這些時間用來解釋XYZ假設，幫助他們藉此表達構想，這個假設總是成功地釐清他們的思緒，並且呈現團隊成員之間的誤會或意見不一致之處。

踏入未知領域

如同先前所提，X、Y、Z是科學和數學用來表達未知變數的字母。尤其在流行文化中，X字母常用來表達神祕事件、人類不完全理解的元素，或是無法證實其存在之物：選秀節目《X音素》（*The X Factor*）、電視劇《X檔案》（*The X Files*）、神祕行星X（Planet X）。

我們感覺陌生或不完全了解的事物，同時提供危機和轉機，因此這三個字母很適合我們的任務，因為把新產品帶到市場上，本身就像進入未知領域的旅程，可能帶來優渥的獎勵，也可能落入失敗，如同踏入內含寶藏與重重陷阱的巨大黑洞，其中潛藏著失敗之獸和空想地帶的魔物。

X、Y、Z分別用來描述、計量及繪製三度空間。在我們的實例中，要探索和部署的未知三度XYZ空間包含：

X：我們能在目標市場獲取**多大**的分量（即百分比）？

Y：目標市場**為何**？

Z：目標市場**對**產品接受的**狀況**和**程度如何**？

理智的探索者在步入未知領域時，都會準備所需的基礎工具（指南針、六分儀、繪圖工具等），好追蹤自己的位置，並衡量進展。XYZ假設就是我們市場探索工具包的第一項工具。這是很必要的一項，因為它讓我們用客觀的方式，衡量並整備進入市場這個黑暗的未知領域。

XYZ假設範例

市場參與假想和XYZ假設很重要，所以我要確保你充分理解。這裡提供更多範例說明如何使用XYZ假設格式，來釐清含糊的市場參與假想，所有範例都來自我的講堂、指導課程或集思廣益練習之構想。這些只是用來示範，所以不要太糾結實際構想或是它們聽來有多愚蠢，要注重的是它們如何使用XYZ形式表達。沒錯，我知道其中有些構想曾實際嘗試。

構想：類似Uber服務來取回送洗衣物。

含糊的市場參與假想：多數使用自助洗衣的人都很不喜歡做這件事，其中有很多人願意多花點錢讓人幫忙領衣物、洗衣、乾衣，並在合理時間送回。

XYZ假設：至少一〇%使用自助洗衣的人願意多付五美元，讓人在二十四小時內幫忙送洗和送回衣物。

構想：沒有冷氣的車輛加裝冰桶型冷氣。

含糊的市場參與假想：車上沒有冷氣或損壞而沒錢更換的駕駛，會購買便宜的冰桶型小型裝置讓車內變涼。

XYZ假設：至少五%沒有冷氣的人，在均溫超過華氏一百度（約攝氏三十七．八度）時，願意花費二十美元購買小型冷氣裝置。

構想：狗喝的啤酒。

含糊的市場參與假想：很多狗主人不喜歡獨自飲酒；他們願意買狗能喝的啤酒，讓最好的朋友陪自己乾一杯。

XYZ假設：至少一五%的狗主人在購買狗飼料時，願意多花四美元買半打給狗喝的啤酒。

構想：《超級松鼠》（*Super Squirrel*）收藏精裝本。

含糊的市場參與假想：《超級松鼠》漫畫迷會瘋狂地想購買有超級囓齒類英雄封面的限量版高級精裝本。

XYZ假設：二十二萬《超級松鼠》漫畫讀者中，有五〇%會願意購買一百美元的收藏精裝本。

這些範例聽起來有些愚蠢（因此讓人容易記得），但XYZ假設是中肯而有力的工具，搭配下一項思考工具：縮小假設（hypozooming），會變得更強大。

縮小假設

縮小假設的目標是要透過縮小來細看具體但範圍廣泛的假設，因此讓假設變得**可立即行動和實測**。這種方法能把XYZ變成xyz，也就是更小型、簡單、可立即驗證的市場參與假想。觀念就是若XYZ為真，則xyz也會為真，不過xyz更容易測試和驗證。

以空汙感測器的XYZ假設為例來解釋：

至少一〇%住在AQI大於一百之處的居民，會購買價格一百二十美元的可攜式空汙感測器。

這是一個經過良好編排、用數字說話的市場參與假想，不過它描述的是大型潛在市場：居住在世界各個受汙染城市的人有數百萬名。依照目前的情況，這個假設範圍太大而不好著手，這無法**實測**，或至少在短時間內無法進行，畢竟執行者是幾個還要考期中考，又沒有預算的大學生，這時候就要縮小假設。

縮小目標市場：Y↓y

市場參與假想中的Y，代表最終的目標市場，也就是你認為在產品上市後，全世界會來購買的人。在進行縮小假設時，把這個大市場拉近來看，直到有小型、在地，而能代表的子群體為止。我要你從整個市場Y，移到小型、可管理、容易觸及的初步測試市場y。想像從太空看地球的影片，經過鏡頭縮小，直到看見一片大陸，然後是國家，接著一路縮小到一座城市，甚至是一棟建築物，這就是我希望你在心中對自己假設要做的事。

縮小假設時要夠積極，但也要確保自己不要縮得太近，使得樣本數太小，而失去統計顯著性（如你的兩位室友、你媽，加上對街的怪異男子）。理想樣本數要多大？在一百至一千人之間通常能獲得統計學家的肯定，不過還要確保樣本的人口能代表目標市場（可能真正會購買你產品或服務的人）。

舉例來說，從美國三億兩千八百萬人中隨機選取一百人，是用來測試新口味披薩假設的理想樣本範圍，因為多數人喜歡且買得起披薩；但是如果你打算販售要價十二萬美元的純電動雙座跑車（像特斯拉原版的Roadster），就不能隨機挑選一百人來取得數據，因為多數人無法負擔或不會選擇購買這樣的車款。在這個案例中，測試的目標市場應該放在年輕的「極客」百萬富翁。

回到空汙監測的範例，並套用縮小假設的做法。許多城市的空氣品質都不佳，但是想到可攜式空汙感測器的學生來自中國北京，這座城市的空汙程度在世界上屬於高危險等級，所以第一層要縮小的範圍很明顯，就是把全世界縮小到北京。

Y：世界上AQI大於一百的所有城市

y：中國北京

這是很棒的第一步，但北京是超過一千萬人的大城市，因此要進一步縮小。經過幾分鐘討論後，團隊決定家有幼童的父母是理想的目標市場。團隊成員之一提到姊姊的孩子就讀北京一家私立雙語幼兒園，約有三百個學生，他認為姊姊能在下一次家長會時提出該產品，看看多少家長會有興趣。太棒了。他們把範圍從整個地球縮小到一所有三百名幼童的特定幼兒學校：

Y：世界上AQI超過一百的所有城市

y：北京幼兒園的家長

既然他們把範圍縮小到中國，也就把貨幣從美元換成人民幣，於是有了以下的xyz假設（xyz hypothesis）：

至少一〇%的家長願意以人民幣八百元購買可攜式空汙感測器。

這是很出色的進展，他們現在有一個用數字說話，並且奠基在可輕易觸及之小型目標市場的假設。不過他們還有一個大問題：沒有產品！這時候他們的可攜式空汙感測器只是卡在空想地帶而尚未實現的構想。設計、開發及製造這項產品，至少要一年的時間和不少金錢，就連一次性原型也需要一筆投資與數個月的開發時間。他們卡在雞生蛋，蛋生雞的問題，要先驗證市場參與假想，才能確保產品符合「對的它」，再來投資時間和金錢打造；但是要驗證市場參與假想就要有已打造的產品，真的是這樣嗎？

如果要百分之百肯定我們對新產品的構想能否在市場上成功，唯一方法就是開發、量產、執行適當的行銷活動，並且看看結果如何；換句話說，依照「如果我們打造出來，他們就會來」（If we build it, they will come）的寄望向前（另一句好萊塢電影常說的激勵金句是「只許成功，不許失敗」，聽起來很厲害，但是常常害慘人）。

然而，用這個方法得知構想是否符合「對的它」，不僅昂貴，風險也大，尤其是我們知道多數構想會在市場上失敗。但是還有什麼其他替代做法嗎？畢竟，我們知道不該仰賴憑藉空想、由意見推動的市場調查，因為有太多錯誤肯定和錯誤否定了；知道需要數據而非意見，但也知道不能仰賴他人數據，需要蒐集自我數據。這不無道理，但在尚未打造出能用來蒐集資料的產品前，又要怎麼蒐集自我數據？

這就是前型設計出場的時候了。

第五章

前型設計工具

——從摺衣機到新網站的前期測試

前型設計（pretotyping）是我自創的詞彙，為什麼要這樣做？要解釋創新詞彙的原因，還有這和追尋「對的它」的關聯，最好方法就是向你分享催生這個概念的範例。

IBM語音轉文字的原型案例

我初次聽聞這個故事，是在幾年前的一場軟體會議上。我不確定自己對這些事件的描述有多精準，其中一些細節可能有誤，但故事的整體概念比細節來得重要。先說這一點以防萬一，接著就以我記得的內容來講述這個故事。

數十年前，在網路時代前與個人電腦尚未普及時，IBM以大型電腦和打字機聞名。當時打字是少數人擅長的事，通常秘書、作家與電腦工程人員才會，大部分的人都用一根手指打字，速度慢又缺乏效率，因此公司會仰賴專業的打字員，他們的人力費用較高，還要留有上廁所、休息的時間，有時也要提供免費貝果和咖啡，維持他們的士氣。

ＩＢＭ掌握優勢，能利用在電腦科技和打字市場的領先地位，開發語音轉文字電腦。這項科技能讓人對著麥克風說話，無須打字即可在螢幕上出現他們說的話和指令。透過減少對專業打字員的需求，最終取代打字員，這項科技有潛力能為ＩＢＭ賺大錢，但**前提是**公司能順利開發這項技術，以及目標使用者能自在使用。

在空想地帶，大概除了專業打字員以外的人都很愛這個構想，許多人想用電腦，但不想學打字。況且除了飛行車外，理解人類言語的電腦也是多數人希望在未來能看見的發明。不過在確認要花費數十年和高昂費用研發前，公司想確保目標市場（即商人），在第一手體驗該技術及用途後，不只是在空想地帶，也能在真實世界對這項科技抱持正面態度。要達成這一點的最佳方式就是讓這些人接觸原型，但是有一個很大的問題。

那時候電腦能力遠遠不及現在，價格也高出許多，而語音轉文字功能需要很多運算能力，這是當時電腦無法提供的。此外，即使有足夠的運算能力，準確將語音轉換成文字也是艱難的電腦科學問題，這是人類近年才開始成功取得的技術。換句話說，距離ＩＢＭ開發出原型的能力

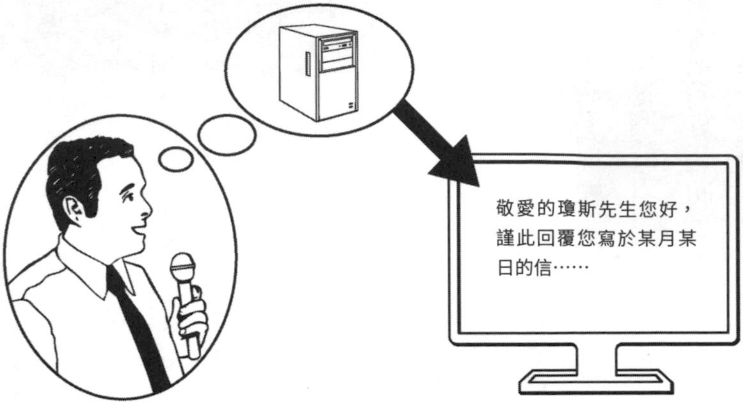

使用者以為發生的事。

還差了數十年，但是需要實物來驗證相關目標市場的關鍵推測，於是研究人員想到一個出色的解決辦法。

他們建立一個模擬工作站，包含電腦主機、顯示器及麥克風，但是沒有鍵盤，告訴幾名潛在顧客，ＩＢＭ有了革命性的語音轉文字電腦原型。接著給予潛在客戶基礎的使用指示，邀請他們試試這個新發明。眾人抱持懷疑態度卻也萬分期待，拿起麥克風說話：「抄錄新信件。敬愛的瓊斯先生您好，謹此回覆您寫於某月某日的信……」延遲兩秒後，文字就出現在螢幕上。

所有使用者都感到驚豔，這太厲害了，簡直不像真的。結果，確實不是真的。

實際發生的狀況，還有這個實驗的巧妙之

實際發生的事。

處，在於語音轉文字技術並不存在，連原型都沒有。房內的電腦主機是空殼。在隔壁房間裡，技巧高超的打字員聽取麥克風傳來的使用者聲音，用舊方法打出他們說的話和指令。打字員輸入鍵盤的字顯現在使用者的螢幕上，讓使用者認為出現的是真正語音轉文字機器的輸出內容。

IBM從這個實驗中得知不少事，在見識過這項「科技」後，（在空想地帶）自認會購買和使用語音轉文字電腦的多數人，在使用系統數小時後便改變主意。雖然打字員迅速又近乎完美地模擬出轉換的文字，但用語音輸入多行文字到電腦卻太過麻煩，還會遇到好幾個問題。說話幾小時就會覺得喉嚨痛，一直說話會讓環境吵雜，也不適合處理保密內容，想想信上寫著「我們要開除會計部門的鮑伯」，而鮑伯正好從旁邊走過。

ＩＢＭ的做法別出心裁，但是這要叫什麼？請打字員的語音轉文字設置並非**完整原型**，除非有人打算養育小小打字員，把他們塞進電腦主機裡，經由翻蓋槽塞進起司和餅乾餵養。ＩＢＭ沒有語音轉文字的系統，只是**假裝**有原型，之所以要這樣，是因為萬一測試使用者知道或懷疑麥克風另一端不是電腦而是人，他們的表現就會變得不一樣，因而影響結果。

我第一次聽到這個故事時，實在是無言以對，首先想到的是「怎麼沒有人早一點告訴我？」我和多數人一樣，花費好幾年投入「錯的它」的專案和產品。當然，我們會先打造幾個原型，但這些原型的主要目的是看看我們是否要打造產品，還有要如何打造；我們根據的預設是「如果我們打造出來，他們就會來」，光是打造原型，經常就要花費幾個月的時間和數百萬美元。一旦投入這麼多時間與金錢開發，即使實際市場回響不佳而應放棄時仍會特別難受，所以通常會繼續增加新功能並做出調整，期望有扳回局勢的時刻，這樣的舉動既昂貴又危險，讓人愈陷愈深。

前型設計

身為工程師，要我想像新科技的原型，想到的會是笨拙、拼裝式、電線外露、尚未準備亮相的科技。然而，IBM所做的讓我覺得與一般原型的概念非常不同，應該另有詞彙形容，我率先想到的是**假造原型**（pretendotyping），原本覺得這麼說很適合，因為IBM距離能提供完整原型還有好幾年，他們做的是**佯裝**有原型。

不過雖然**假造原型**聽起來很像一回事，但讀寫不易，所以我縮短為**前型設計**（pretotyping）。我覺得這個詞彙很好，因為英文前綴詞**pre**指的是在某物更早先前之物。以這個案例來說，前型設計先於原型設計，**前型**（pretotype）則是指早於**原型**（prototype）而有的設置。總之，**前型設計**的概念結合「預先」和「假造」的雙重意義。

過去幾年來，我察覺（通常是來自推特的仇恨言論，以及各種社群媒體的諷刺評論）有些人真的很不喜歡**前型**這個詞彙，他們認為**原型**就已經足夠了，所以不用再發明新詞。我同意他們的前提，卻不贊同結論。**原型確實**說得明白，但這就是問題所在！這個詞彙太通用了，指涉範圍過大。依照目前的用法，原型可以指迴紋針套橡皮筋的五美分裝置，也可以是要價五百萬美元的某構想暫時可行版本。我看過**原型**用來描述五分鐘的實驗，也看過用來描述五年及有數百人參與的專案。

況且原型和前型的功能並不相同，原型主要是用來測試產品或服務的構想是否可建立、要如何建立、如何（與是否能）運作、最佳的尺寸或形狀等；前型的主要目的則是用迅速又低廉的方式，驗證一個構想是否值得追求和建立——這個目的有別於前者，最好要有不同的技術與專有名詞。事實上，在本書剩餘的內容中，我不僅會用**前型**一詞，也會給予不同類別前型模式獨特的名稱。這樣的新命名有必要嗎？我覺得有，接下來看看你能否贊同我所說的。

不同種類的昆蟲有必要給予不同名稱嗎？都是蟲啊！

在食品儲藏櫃裡，區分成圓直麵、長形細圓麵、細扁麵、寬麵、吸管麵、手指麵及義大利餃。義大利麵就是義大利麵，應該有人叫義大利麵公司不要區分這麼多種，讓人搞得暈頭轉向。

還有是否區分空手道、柔道、柔術、功夫、合氣道和跆拳道，反正都要揍人，有多少不同的異國風說法？

生病的無數種情況也需要不同名稱嗎？真的需要區分感冒和流感嗎？要分成不同感染形式？要分肚子痛和盲腸炎？食物中毒和輻射中毒？要劃分不同處方藥？畢竟病都是病，藥都是藥。

我就說到這裡，想必你已經明白我的意思。

在許多領域裡，包含我所在的領域，正確的詞彙能幫助我們更有效、準確地行事與溝通。更重要的是，正確用語能讓人建立適當的期望，並會影響我們因應情境的方式，像是渡河和跨溪的準備方法會很不一樣，雖然基本上河與溪都是流動的水。同理，六個月行程與三十萬美元預算不會超出原型的常態，但是完全不適用於前型，因為正如我們將見到的，**前型**是指行程在幾小時內（或頂多幾天），而且預算很少會超出數百美元。

如果你還是不認同需要新詞彙，我希望這不會影響你繼續閱讀，以及使用即將介紹的工具與戰術，我不希望因為用語的小事而失去你這個讀者，一定要的話，就請你把**前型**替換成**原型**。不過請抱持開放心態，因為我很有自信，只要你願意嘗試，就能注意到對詞彙準確性上的小小付出，會帶來很多好處。

我在二〇〇九年於Google任職時，開始向工程和產品管理部門同事，解釋**原型設計**與**前型設計**的差異。我自己也很驚訝，幾乎所有人都認為這不僅有趣，也適用於多數的專案，避免投資「錯的它」的構想。事實上，許多人在聽到ＩＢＭ語音轉文字的例子後，都說出「但願我們也對上次失敗的專案進行同樣的安排，這樣就能節省一堆時間、金錢，也可以避免出糗」這類話語。

這時候，我覺得要看看能否找到更多前型設計的範例。

追尋前型，把失敗的可能性降到最低

一心想著某事物，就會發現該事物隨處可見，這樣的現象很普遍。譬如你考慮購買福斯（Volkswagen, VW）敞篷車，就會在路上看到很多同型車款。面對前型設計的概念也很類似，在聽聞ＩＢＭ語音轉文字故事，想出**前型設計**一詞後，我就開始注意並蒐集像ＩＢＭ這類算是前型設計技術的範例和軼事。

我也開始搜尋並蒐集即使各項預測樂觀，結果卻失敗的新產品例子，去除失敗原因是執行不周所導致的構想，剩下的就是**妥善執行的失敗案例**。這些在市場上遭遇ＦＬＯＰ，推行和營運都沒問題，問題出在構想的前提——構想本身是「錯的它」。這不僅是最常見的失敗情境，也是付出代價最慘痛的：我們努力好好打造，卻發現打造的內容本身就是「錯的它」的構想。

這些慘痛失敗也包含我自己、朋友及同事的例子，許多都曾在商業文章和新聞中報導。（研究市場失敗的好事之一，就是從未欠缺範例。）經過幾週對前型範例的關注後，我蒐集到簡短的前型設計技術清單，還有冗長的「錯的它」失敗案例，這就是事情開始有趣之處。

我觀看每個失敗案例，並且詢問：如果使用前型設計技巧能否避免市場失敗？也就是說在尚未深入投入前，是否可以透過使用創意前型設計技巧，得知產品的前提錯誤（產品屬於「錯的它」的構想）？

幾乎在每個案例中，答案都是肯定的！只要有妥善籌備與執行的前型設計實驗，就能輕易避免多數慘痛而代價高昂的失敗。沒有方法或工具能給予百分之百的保證，但是如果好好運用，用前型設計工具來判斷構想是否為「對的它」，會比任何憑藉空想市調來得迅速、可靠。

若是你覺得這聽起來好得不像真的，我也不怪你，因為我一開始的反應也是這樣。我生性多疑，但是經過數年使用、指導及教授這些工具和技巧後，深信它們能發揮作用。但不要只是光聽我說，畢竟我有自身的偏見，而且我的經驗充其量只是他人數據，最糟只能算是軼事，我早已警告不該仰賴這兩種數據。所以我要說的是：「別信任我，多考驗我！」要說服自己相信前型設計的邏輯和力量，最佳方法就是親自取得第一手體驗，去找自我數據吧！

接下來會向你介紹幾項前型設計工具，無論是單獨或搭配使用，可以用來蒐集可靠的自我數據，幫助你驗證任何新的產品構想。如果你曾投入因為不是「對的它」，而在市場上失敗的構想，可能會發現這些技巧能避免當時的失敗。

土耳其機器人前型

土耳其機器人（Mechanical Turk）的稱呼，是借用十八世紀巡迴世界的知名土耳其下棋「機器」。他們引導人們相信，這個「土耳其人」是編寫程式來下西洋棋的機械設置（自動化裝置），然而箱子內卻藏著一個小小的高超棋手控制人偶的動作。

土耳其機器人前型是透過躲藏的真人執行未來先進科技任務，適合需要替代昂貴、複雜或技術尚未開發完成的情境。

聽起來很熟悉嗎？沒錯，我在本章開頭提及的ＩＢＭ語音轉文字實驗，就是一個精采的土耳其機器人式前型範例。開發堪用的語音轉文字引擎要花費數年時間和巨額投資，而躲在隔壁房間的打字員，就像藏在土耳其機器人裝置內的棋手，能輕鬆模擬複雜功能，讓ＩＢＭ蒐集所需的自我數據。

我們再來看看，另一個能協助驗證數據的土耳其機器人前型範例。

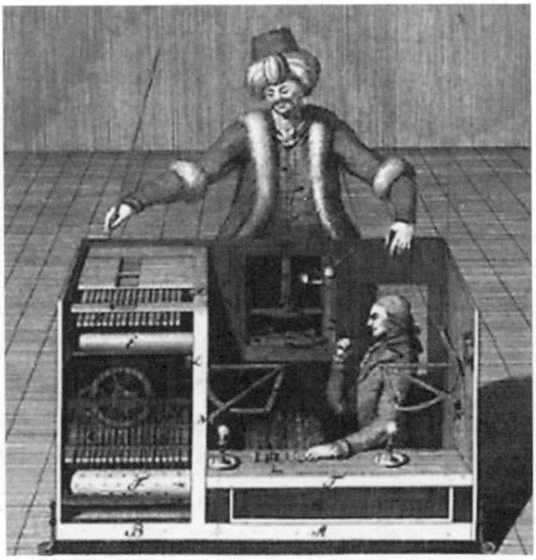

範例：為你摺

多數自助洗衣店有洗衣機和乾衣機，但在乾衣後，要先找出一堆各式各樣的衣物，接著手動摺衣。我們有自駕車，卻要手動摺衣？這讓人太難以接受了！或許那麼說有點誇大，但如果有自動摺疊衣物的機器處理最後步驟，不是很好嗎？

喜歡發明的艾文相信自己可以打造這樣一台機器，深信把機台租借給自助洗衣店來收取月費，外加每次使用的抽成，就能把一疊疊衣服變成一疊疊鈔票。艾文需要五萬美元和六個月來打造可證實概念的原型，但是他缺乏這筆資金，因為上一次挑戰的發明——機器遛狗機（RoboDogWalker）的銷售量不如預期，所以提議身為天使投資人的朋友安琪拉，出資入股他創辦的新公司為你摺（Fold4U），以二五%的股份換取五萬美元。

安琪拉對艾文的技術能力很有信心，她知道只要艾文說能打造出自動摺衣機和疊衣機，就一定能辦到，不過她對艾文的為你摺商業模式與財務預測就沒有把握了，艾文的計畫是根據大部分顧客願意多付兩到三美元來自動摺疊衣物。

當安琪拉質疑艾文的市場參與假想時，艾文辯駁道：「這不是預設。我做過市場調查，訪談六百三十二個使用自助洗衣服務的顧客，其中有四百二十一人表示討厭做這件事，如果有機器能代勞，即使多花一點錢也願意。」

安琪拉問道：「機器遛狗機的調查不也是那樣嗎？」

艾文滿臉通紅，回應道：「聽我說，如果妳不想投資，直接和我說就好了，沒有必要羞辱我。我知道機器遛狗機失敗，還有之前小狗發生的意外也幫了倒忙，不過這一次的構想好多了，風險較低，而且市場完全不一樣。」

「艾文，我**的確**有興趣，」安琪拉回應道：「我其實很有興趣，也能看見為你摺的潛力，但是在要我花費五萬美元打造原型前，需要有更強力的證據顯示，那些**說**會為服務付錢的自助洗衣店顧客**真的**願意掏錢，我要親眼看到他們把衣服放進機台裡，然後付錢。」

「所以我需要資金打造原型，小安琪。如果沒有一台實際的為你摺機器，要怎麼測試大家願不願意買單？」

在繼續看下去之前，先花兩分鐘想想，你站在安琪拉的立場會怎麼回答艾文？你會給他五萬美元嗎？要怎麼用土耳其機器人前型來驗證艾文的市場參與假想？試試看吧！答案很簡單，我相信你一定能答對。

我希望你做了這個練習，做完後比較你的答案與安琪拉和艾文想到的辦法。

安琪拉向艾文分享IBM語音轉文字的故事，在她說完後，艾文還是紅著臉，但這一次原因不同，他原本感覺不耐煩的情緒轉變成興奮感。艾文說：「這些IBM的人還真不是蓋的，沒想到我之前居然沒聽過這個故事，我想可以用這個**速原型設計**（prontotyping）來測試為你摺。」

安琪拉笑著說：「叫做**前型設計**，不過因為很迅速，命名成速原型設計也挺不錯的。」

經過一番討論後，艾文和安琪拉想出XYZ假設：

至少有五〇%的自助洗衣店顧客會多花每批兩到四美元（視地區而定），讓衣服自動摺好。

接著他們縮小假設，並決定測試以下的ｘｙｚ假設：

在列尼自助洗衣店裡，至少有五〇％的顧客會把衣物放入為你摺裡，並支付兩美元，讓衣服自動摺好。

接著有趣的事來了，艾文和列尼（當地自助洗衣店老闆）見面，向對方解釋為你摺的構想，並支付兩百美元，在列尼的店面陳列為你摺機器。列尼同意這筆交易，而且因為他也和艾文一樣對這個構想興致勃勃，於是答應協助艾文設置並執行這個實驗，甚至送給艾文一台損壞的舊乾衣機當作實驗的完美道具。

艾文改造舊乾衣機，把裡面的滾筒替換成背後能裝設背板暗門的設計，如此一來，在有人把衣物投入機器並付錢後，他就能打開背板暗藏的後門，拿出衣物，手動摺衣後再放回去。為了讓效果更逼真，艾文還錄製機器聲音，在手動摺衣時播放。在「摺衣步驟」結束後，他會從機器裡響鈴，提醒顧客摺好衣服了。

這台前型機器的效果很棒，完全沒有引起使用者猜疑，他們都相信衣服是機器人摺的。不過雖然列尼自助洗衣店的多數顧客覺得這台新機器很神奇，但卻很少人真的使用，多數使用者承認是出於好奇才會試用。起初的前型設計實驗未能符合期望：

xyz假設：在列尼自助洗衣店裡，至少有五〇%的顧客會把衣物放入為你摺裡，並支付兩美元讓衣服自動摺好。

自我數據：在列尼自助洗衣店裡，一二%的顧客支付兩美元，使用為你摺摺衣。

為了更確定結果，在為期兩週內，艾文使用不同定價，到更多家自助洗衣店進行更多的實驗，遺憾的是即使降價到一美元，結果變化也不大。在空想地帶，大家表示（或許也真的相信）他們會支付兩到四美元使用這項服務，但是輪到付出代價（也就是投幣到衣物摺疊機）時，很少人會真的這麼做。

這表示為你摺沒有商機嗎？也不盡然。不過艾文的計畫和商業模式在於，要有五〇%以上的自助洗衣使用者付費使用機器，如果實際人數低於五〇%，他就要修正許多預設，才能說服安琪拉這類投資者資助。

艾文對於為你摺不太可能是「對的它」構想感到失望，但也很欣慰地明瞭自己不像當初製作機器遛狗機一樣，耗費兩年時間和大把金錢才學到這一課。

艾文要說什麼呢？

「真是感謝，前型設計！」

我是不是聽到有人說，講了那麼多失敗的討論，偶爾想有一個快樂結局？我可以主張避免艾文重蹈機器遛狗機的覆轍就是快樂結局，但也明白你們的意思，你們希望有一個像好萊塢電影般的快樂結局。沒問題，這是你們應得的。

另一種結局：列尼自助洗衣店顧客不僅對新機器感到新奇，也排隊使用。事實上，新推出的為你摺引發熱潮，每一批剛摺好的衣服送出時，眾人都拍手叫好，大家都想看見並使用新機器。不過當然真正負責摺衣的人不是機器，而是可憐的艾文。隔天，艾文的手痠痛到快斷了，他結束實驗，並在前型機器掛上「暫停服務」的告示牌，然後和安琪拉見面。這一次艾文提出的不是空想地帶的調查，而是新鮮的自我數據：

xyz假設：在列尼自助洗衣店裡，至少有五〇%的顧客會把衣物放入為你摺裡，並支付兩美元，讓衣服自動摺好。

自我數據：在列尼自助洗衣店裡，七八％的顧客支付兩美元使用為你摺摺衣。

安琪拉很興奮，為了確保結果不是僥倖得來，她和艾文說好要聘僱兼職助手幫忙摺衣，並進行更多的實驗。當新鮮感過了，市場參與稍微降低（結果有一些人只是出於好奇，沒有時常使用），不過平均市場參與度（在烘乾衣物後，付費使用為你摺服務的自助洗衣店顧客人數）維持在良好的六二％，強烈印證艾文在XYZ假設中五〇％以上的預測。

眾人表示願意為這項服務付費，實際上付出代價時也確實這麼做了。在這個範例中，自我數據符合意見。也會有這樣的情況，只是沒有大家期待得那麼頻繁，所以我們才要測試構想。

安琪拉決定投資為你摺，並且因為得到前型的驚人自我數據，艾文能夠提高公司估值，並吸引更多投資者。不僅如此，等市場時機一到，要販售為你摺時，艾文可以提供自助洗衣店店家動人的商業案例：「我們的數據顯示，你的顧客有超過六成會願意多付兩到四美元讓衣服自動摺好，這能讓你的總收入和利潤提升兩成以上。」成交！

艾文要說什麼呢？

「真是感謝，前型設計！」

在兩種不同的結局中，都顯示投入一點時間和資源為構想打造前型是雙贏的戰術：

如果實驗中的自我數據並未驗證你的假設，前型設計能讓你倖免於可能發生的失敗。

如果實驗中的自我數據印證你的假設，你更能招募到合作夥伴、吸引投資者，並說服潛在顧客。

每個構想都值得經過前型設計處理，而且每個構想都至少有一種前型——我們接著讓土耳其機器人（和艾文的手臂）好好休息，同時探索更多前型設計技巧。

皮諾丘前型

皮諾丘前型（Pinocchio Pretotype）取名自受眾人喜愛的虛構角色皮諾丘（Pinocchio），也就是想變成人類男孩的小木偶。等我和你分享提供靈感來源的範例後，你就會知道我這樣命名的理由。

範例：掌上型電腦PalmPilot

一九九〇年代中期，傑出發明家暨創業家傑夫．霍金斯（Jeff Hawkins）有了個人數位助理（Personal Digital Assistant, PDA）的構想，也就是掌上型電腦PalmPilot的前身。不過在決定投入打造昂貴原型之前，霍金斯希望能驗證自己對該裝置的幾個預設，畢竟原型需要一整個團隊的工程師，還要投入許多時間和金錢。

霍金斯的解決方法是，切割一塊符合預期裝置尺寸的木板、削一根筷子當筆，並用紙張模擬各種使用者螢幕和功能。他把這塊木板放在口袋裡，隨身攜帶幾週，並假裝這是有功能可用的裝置，解析自己的使用習慣。例如若是有人召開會議，霍金斯就會拿出這塊木板，並在上面輕點，模擬確認自己的行程與安排會議提醒。

有了這個前型的幫助，霍金斯蒐集到寶貴的自我數據。他發現自己真的會隨身攜帶這個裝置，而且主要會使用四大功能：通訊錄、日曆、備忘錄和待辦清單。他的簡單實驗用足夠的自我數據，說服自己會很樂意使用真實版裝置。當然，霍金斯知道這個樣本數（自己一人），不足以判斷其他人對這個掌上型電腦的反應是否和自己一樣，他要做更多後續實驗來驗證剩下的市場。不過這個構想通過一個重要的首場測試：發明者本身覺得有用。這聽起來是很低的門檻，但是你會訝異於有許多人推出產品到市場前，並沒有先驗證自己會使用。

蒐集自簡單木板和紙製前型的數據，有助於引導與說服更多投資，開發完整可行的原

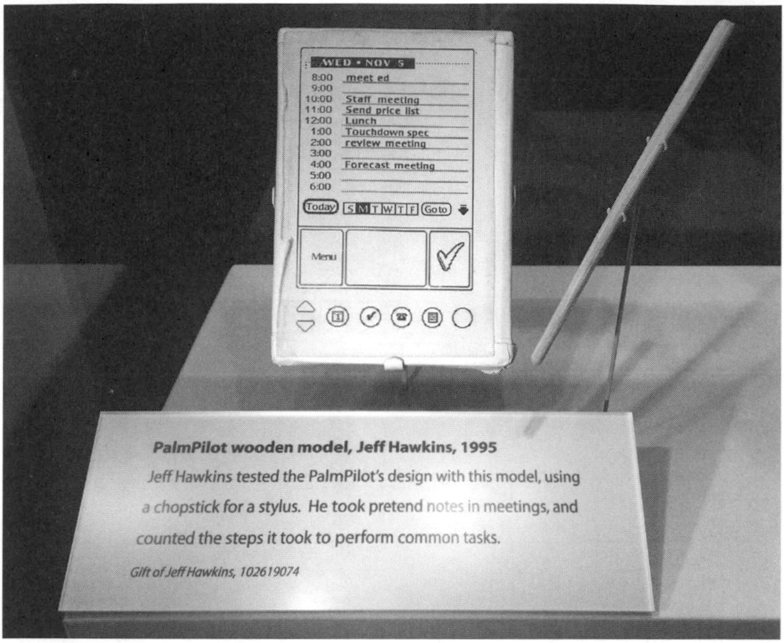

PalmPilot 的木板模型，展示於加州山景城（Mountain View）的計算機歷史博物館（Computer History Museum）。

型。PalmPilot不僅非常成功，也為智慧型手機鋪路，並且為現今許多電子裝置奠定形式（即形狀和尺寸）。皮諾丘是夢想成為人類男孩的小木偶，而PalmPilot前型則是霍金斯希望有朝一日能成為真正產品的木製個人數位助理，兩者的夢想都成真了。

PalmPilot除了是強力前型設計技巧的卓越範例外，這個故事也闡述我一直強調的幾個關鍵概念。以下是《時代》（*Time*）雜誌在一九九八年三月的報導，我用黑體字標示出幾個重點：

四十歲的霍金斯是 Palm 科技長暨掌上型電腦 PalmPilot 的發明者，在十年前設計出第一代平板電腦 GRiDPad，這是**工程奇蹟卻也是市場失敗**，因為正如他所說的，GRiDPad 太大了。他決定**不要再犯同樣的錯誤**，於是在其他同事問到新裝置大小時，他已準備好回答：「我們試試襯衫口袋的大小。」

他回到車庫，切割一塊能放進襯衫口袋大小的木板，接著帶在身上數個月，**假裝**那是一台電腦。如果要確認週三午餐時間有沒有空，霍金斯會拿出木板輕點，**就像**在確認行程一般。如果他需要找電話號碼，也會把木板拿出來**假裝**在查找。偶爾他會把列印的紙張黏在木板上，嘗試不同的設計介面[4]。

這個故事體現前型設計的核心動機和原則：

- 霍金斯花費數年和數百萬美元製造的 GRiDPad 遭遇慘痛經驗，因為這項產品是「工程奇蹟卻也是市場失敗」。
- 他領悟到錯誤不在於打造方式錯誤，而是打造「錯的它」的構想。
- 下定決心「不要再犯同樣的錯誤」；換句話說，他告訴自己類似這樣的話：「下一次要先確保掌握『對的它』，再好好打造。」

- 創造第一個前型，不是為了測試能否打造出PalmPilot，而是要測試一個人是否會使用、如何使用、有多頻繁使用；他蒐集第一手的自我數據，來應對實際原型與最終產品的設計決策。舉例來說：

——把裝置放在口袋九五%的時間。

——平均每天拿出來使用十二次。

用來安排預約活動：五五%的時間。

查找電話號碼或地址：二五%的時間。

記筆記：五%的時間。

增加或確認待辦清單：一五%的時間。

- 以假想產品的模擬道具，使用想像力（即假裝）使用尚未具備的功能。

---

4 David S. Jackson, "Palm-to-Palm Combat," TIME, March 16, 1998.

模擬和無實際功能的原型在創新方面很常見，但假裝模擬機能使用並實際操作（像霍金斯那樣長時間使用）就很難得。別忘了，**假裝**是前型設計的重要一環。

你說的「原型」，我說的「前型」

PalmPilot的故事顯現先前討論的原型設計與前型設計差異，熱血工程師聽到**原型**時，心中會想到計算機歷史博物館展示的畫面。

身為熱血工程師的我很喜歡打造原型，迫不急待想要出動示波器和焊鐵，不過我學會懂得等待，不要直接投入大量時間打造可用的原型。

切記，**原型**的主要目的是為了回答以下問題：

- 我們能打造出來嗎？

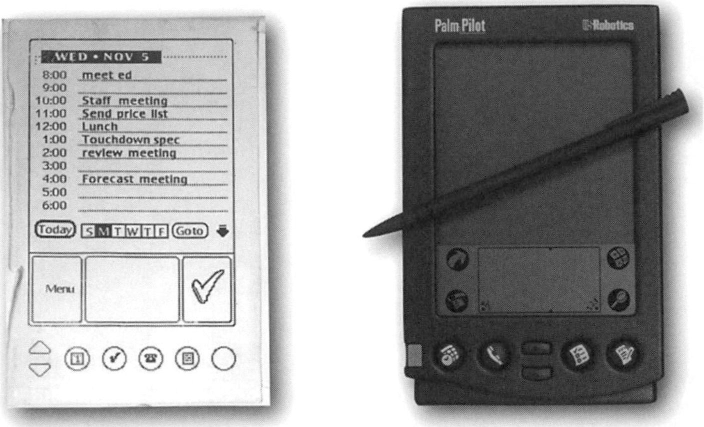

PalmPilot 前型及實物。

- 能按照預期運作嗎？
- 怎樣盡可能做得小／大／便宜／節能？

這些是重要的問題。不過經驗和許多證據讓我們知道通常可以打造出來，也能依照預期運作，最後能做出最佳化的尺寸、節能等；換句話說，我們應該要對自己能打造出如預期運作的能力具有自信。

另一方面，**前型**的主要目的則是要回答以下問題：

- 我會使用嗎？
- 我會如何使用、多常使用，以及在什麼時候使用？
- 其他人會購買嗎？

PalmPilot prototype, Palm, Inc., US, 1995
This "tethered prototype" let engineers develop software for
the PalmPilot before production units were available.

PalmPilot 可用的原型，展示於加州山景城的計算機歷史博物館。

• 他們願意花多少錢購買？
• 他們會如何使用、多常使用，以及在什麼時候使用？

這些問題的答案有助於回答最重要的問題：我們應該打造這項產品嗎？撇開這個問題後，接著提供兩個皮諾丘前型的範例。

範例：智慧喇叭

車用喇叭是用來和其他駕駛人溝通的鈍器，如果你和多數人一樣，會在路上因為不同目的而按喇叭。「叭！」一聲能表示以下各種意思：

「還不快移動！」對著轉為綠燈後，尚未開始前進的駕駛說。
「謝謝。」對著在雙線道讓你先行的駕駛說。
「哈囉！」對著開車經過的好友說。
「你找死嗎？」對著跑到你面前的行人說。
還有萬用的「你這個××！」

接著登場的是智慧喇叭（Smart Horn），也就是有四個按鈕的喇叭，每個按鈕都搭配可設定的訊息，所以不用把頭探出車窗大吼出聲。例如你可設定以下訊息：「快走開」、「謝謝」、「嗨」、「注意一點」和「你這個××！」

要打造這樣的喇叭毫無問題，但是大家會不會使用、如何使用，又有多常使用？你可以仿效霍金斯做一些前型設計測試，實際看看自己是否會使用。最簡單的方法就是在方向盤上貼四枚貼紙，每一枚貼紙都有不同標籤，代表不同的喇叭聲，駕駛兩週，假裝這些貼紙是智慧喇叭的按鈕。你可能會發現，對一群身穿皮衣的重機騎士大喊「你這個××！」是讓人想嘗試的事，但其實並非好主意。

如果你擅長機械或電器，就能輕鬆地把貼紙升級成技術按鈕，每次按下會有記錄，讓你蒐集資料更準確。你或許也能說服親友和你一起假裝，詢問他們想在智慧喇叭上增加的訊息、在方向盤上貼貼紙，然後請他們追蹤記錄多常實際使用。

範例：智慧型揚聲器或聲控助理

撰寫本書之際，亞馬遜Echo、Google Home及蘋果（Apple）HomePod這類智慧型揚聲器，是競爭激烈的熱門新科技類別。我無法預測智慧型揚聲器在市場上會有多成功，但在聽聞有人正開發這些裝置後，就在第一台實機發行的兩年前，很有自信地預測**自己**會購買，我使用皮諾丘前型做出這個預測。

我拿了一個花豆罐頭，貼上黑色布膠帶讓它有高科技質感。我把自己的皮諾丘前型稱為「HAL」（取自《二〇〇一太空漫遊》（*2001: A Space Odyssey*）裡的HAL 9000電腦），放在客廳的茶几上，接著假裝這台HAL真的可以使用。我會對著它說：

「HAL，今天天氣如何？」

「HAL，提醒我一小時後打電話給我媽。」

「HAL，播放齊柏林飛船樂團（Led Zeppelin）的音樂來聽聽。」

「HAL，明天早上五點叫我起床。」

當然，罐頭沒有回應我的命令，如果有的話，我應該要去精神病院報到了。但是假裝它可以執行我的請求，這種簡單做法為我提供寶貴的自我數據，以及關於我將在何處、如何和多久使用一次這類裝置的見解。例如自己知道我至少需要三台這樣的裝置：一台用於客廳，一台用於臥室，另一台用於書房。與我的前型互動幾天後，我發現除了音量旋鈕外，還希望它有一個「停止聆聽」按鈕，避免我的私人談話被聽見。更理想的是，麥克風應該更靈敏，可以接受小聲的命令，或是直接設置「耳語模式」，我就不用在凌晨五點大喊：「HAL，今天早上會下雨嗎？」

在這一週內，我確信這樣的裝置對自己來說相當合適，也很可能適用於數百萬人，在市場上獲得成功。當亞馬遜在二〇一五年發表Echo時，我是第一批購買者之一，然後又買了第二台和第三台。不僅如此，在第一次看到Echo的照片時，我忍不住會心一笑，因為它與我的罐頭前型是如此相似。

罐頭前型與亞馬遜的 Alexa。

假門前型

假門前型（Fake Door Pretotype）這個名稱來自傑絲・李（Jess Lee），她當時是社群購物網站

Polyvore執行長暨共同創辦人。謝了，李！

假門前型的基本概念就是放上**前門**（如廣告、網站、手冊、實體店面前門），看看有多少人會對你的構想感興趣，在尚未提供內容時，假裝產品或服務存在。如果無法讓夠多的人**敲敲**產品的前門（也就是對構想表示興趣），就回到策畫階段，檢視你的想法和假設。

凱文·凱利（Kevin Kelly）是暢銷作家及《連線》（*Wired*）雜誌創辦人，在早期傳奇的重要事業時期，使用這個方法測試他第一個事業構想的市場，也就是精省旅遊指南的目錄。這是凱利在提摩西·費里斯（Tim Ferriss）著作《人生給的答案》（*Tribe of Mentors: Short Life Advice from the Best in the World*）中提到的：

> 我剛開始用兩百美元開始事業，買下《滾石》（*Rolling Stone*）雜誌封底廣告，用一美元宣傳精省旅遊指南的目錄。目錄或書籍的存貨都沒有，如果我未能取得足夠的訂單就會退款，不過這種靠自己努力的方法成功了[5]。

如今在雜誌封底刊登的廣告似乎很怪異，不過那是在一九八〇年代初期，當時這種較便宜的廣告是小規模創業家能觸及目標群眾的方法之一。

大約在凱利實驗旅遊指南市場時，我正忙著完成大學學業和學習電腦程式。在ＩＢＭ個人電腦於一九八一年推出時，我看見能透過編寫電玩遊戲，把新學的程式技巧學以致用的難得機會，而電玩遊戲在當時非常熱門。我從父親那裡得到五千美元的投資（謝了，老爸[6]！），購買一台首批生產的ＩＢＭ個人電腦，開始第一個事業：電玩遊戲一人公司。

我將公司命名為平野企業（Heigen Corporation），自認為聽起來很大、很厲害。我的有些遊戲很成功，特別是類似《小精靈》（*PacMan*）的原創遊戲*Ramsak*，不過其他像是*BitBat*或*XO-Fighter*的銷售量就令人大失所望。很遺憾的是，我沒有像凱利一樣有遠見，先投資數百美元測試市場興趣，就投入兩、三個月的時間開發。我在當時未能預料到，那是自己第一次接觸市場失敗定律，還有要先掌握「對的它」，再好好打造的重要性。如果早點知道假門前型設計技巧，我的做法就會大不相同。

在開發多關卡的完整遊戲前，我可以創造一些靜態的螢幕畫面，並針對幾款可能開發遊戲進行簡短描述，接著用這些螢幕畫面準備並刊登「即將上市」的廣告。廣告會鼓勵人們郵寄回郵信

---

5 費里斯著，金瑄桓譯，《人生給的答案》，天下雜誌，二〇二〇年二月。

6 五千美元這個數字，在當時算是一大筆金額，大約是六個月的房租，而且考量到我當時的程式經驗很有限，完全沒有做生意的經驗，這可以說是愚蠢的事。我擔心無法還錢給父親，半夜煩惱到無法入睡，我想他應該也有點擔憂，不過很慶幸最後成功了。

封（當時還沒有電子郵件），來索取五美元優惠券，還有遊戲推出後能馬上獲得通知。舉例來說，假設我對下一款要開發的遊戲有四個新構想：

《比特蘭迷蹤》（*Lost in Bitland*）：採用拼圖的迷宮冒險。
《迪吉金剛》（*Digi Kong*）：從大猴子身上偷香蕉。
《皮克索賽車手》（*Pixel Racer*）：賽車遊戲。
《絛蟲》（*Tapeworm*）：在此省略描述。

我為每款遊戲創造和刊登類似的廣告，幾週後（在網路盛行前的時代就是要這麼久）即可比較結果（參見表格）。

我想大力支持《絛蟲》，但「數據比意見更重要」，一開始會專攻《皮克索賽車手》，下一個輪到《比特蘭迷蹤》，並放棄《迪吉金剛》，可惜的是也放棄了《絛蟲》。同時我會在其他雜誌為《皮克索賽車手》刊登額外的廣告，因為數據顯示這些廣告會有熱烈回

遊戲	回應數量
《比特蘭迷蹤》	127
《迪吉金剛》	15
《皮克索賽車手》	255
《絛蟲》	3

應，值得投資。

過了兩到三個月（我在當時算是程式快手），對《皮克索賽車手》和《比特蘭迷蹤》表示感興趣的人，就會收到一封附上先前所說的五美元優惠券信件，宣布《皮克索賽車手》已經可以購買，而《比特蘭迷蹤》則會在幾個月後推出。至於對另外兩款遊戲感興趣的人呢？我會寄出解釋信，遺憾地表示決定不推出《迪吉金剛》和《條蟲》，也會附上《皮克索賽車手》的免費版作為補償。

可以想見有些人對這種技巧中的招數感覺有些不適，這表示你很有職業道德，我提出時也有些猶疑。假門前型讓我又愛又恨：愛是因為很有效率和效果，恨則是因為有欺瞞嫌疑。因為這種欺瞞成分，不該用在特定的產品類別（如醫療裝置或服務），而且對**所有**類別的產品與服務，都要極為注意並考慮倫理道德議題。

我也建議對敲門的人慷慨一些，給予提供自我數據的人一些獎勵，這樣就能創造三贏局面，正如我在這個範例中做到的，可以想想：

一、對《皮克索賽車手》和《比特蘭迷蹤》感興趣的人賺到了，因為他們可以得到想要的遊戲與五美元的折價優惠。

二、對《迪吉金剛》和《條蟲》感興趣的人無法玩到遊戲，但是他們也賺到了，因為我會寄另一款免費遊戲給他們。我想，多數人免費得到新遊戲（價值二十九．九五美元）的驚喜，能大為彌補未能付費玩《條蟲》遊戲的遺憾。

三、沒有浪費時間和金錢，去製作和宣傳不夠多人感興趣的遊戲，所以我也賺到了。

有趣的是，我對玩電腦遊戲沒有很大的興趣，但是真的很喜歡設計和開發這些遊戲。不過隨著大學畢業，即使遊戲賣得很好，我還是退出電腦遊戲這一行。這是因為我爸（還有投資者）說：「電腦遊戲只是短暫風潮。如果一直緊守不放，成就不了大事業，你下一個要編寫的是商業應用程式。」

原本我應該能開發出《超級瑪利歐》（*Super Mario*），但實際上開發的卻是《超級郵件管家》（*Supermailer*），你聽過嗎？我想也是。現在電玩產業比電影或音樂產業來得大，有幾家遊戲公司價值數十億美元，這和我爸的意見恰好相反。有人說「父親最懂」，但是我看預測市場成果這方面並非如此。

接著再來看看兩個假門前型的範例，先從實體店面範例開始。

範例：安托妮雅的二手書店

想像在某個陰冷的十二月天，你昏昏沉沉地走在繁忙的城鎮街道上，接著經過一扇門，門上掛著宣布一家新二手書店開幕的招牌。

身為愛書人的你藏不住心中的喜悅，想像著幾本人們已忘記的舊書，或許是你喜愛的作者愛德加．愛倫．波（Edgar Allan Poe）的初版書，接著輕輕敲門。

無人回應，你再度敲了第二次、第三次，還是沒有動靜，沒有顯現任何門後有人的跡象。「老闆一定睡著了，或是沒聽見我的敲門聲。」你對自己這麼說，而後神情有些黯然地離開了。

你沒有察覺剛剛參與假門前型實驗，並且提供安托妮雅一些寶貴的自我數據。

是這樣的，安托妮雅認真考慮辭去圖書編輯的工作，在鄰里開設一家二手書店，但是目前門後沒有任何一本能販賣的書籍，更別說是完整的書店了。事實上，門後什麼都沒有，只是一片空地。安托妮雅沒有很多錢為書店做傳統市調，不過她的市場參與假想是：如果在

對的街道上開店，並用大大的招牌宣傳，經過的眾人會發現這家店，之後就會口耳相傳地傳出消息。

為了順利執行這個計畫，安托妮雅判斷每天經過書店的人至少要有〇．五％的人（即兩百人中有一人）有興趣上門探訪。在投入資金租用店面、購買存貨、聘僱員工等之前，她想先驗證這個假設。於是安托妮雅花費二十美元製作招牌、兩美元購買雙面膠，還有花費幾小時在不同街道和地點進行測試，挑選的都是她認為會有恰當的人流（也就是足夠比例的愛書人）。掛上招牌後，她坐在對街記錄：

一、有多少人經過店門？
二、有多少經過的人注意到招牌？
三、其中有多少人停下來敲門？
四、他們敲了幾次（敲愈多次表示愈有興趣）？
五、每個敲門者的年紀、性別及其他相關特徵（如穿著體面服飾的中年男教授和女大學生）。

安托妮雅在平日和假日都進行這個實驗，看看人潮的組成是否有所變化。

幾天後，安托妮雅蒐集到許多很棒的自我數據。不幸的是，數據未能支持她的市場假設——相差太遠了。在某一地點，她計算出四千位經過的行人中，只有三人敲門（低於〇．一%的行人數）；在另一地點，她計算有五千人經過，結果卻連一個實際敲門的人都沒有。

安托妮雅對結果感到失望，但也很欣慰能蒐集這樣的數據來快速測試她的市場假設，而且開銷很低，還不用辭去原本的工作，前型設計讓她從可能會很慘烈的商業決策中逃過一劫。

這表示安托妮雅應該放棄書店構想嗎？不，還不用，但這表示她不能仰賴門上的招牌讓顧客上門，要修改市場參與假想才行。她可能也要調整規劃，增加更多的宣傳預算，至少起初的宣傳活動有需要。安托妮雅也開始懷疑，雖然她很喜歡實體書店的構想，或許賣二手書的構想更適合在線上經營。假門前型被證明在真實世界快速又有效，所以她也想知道能否套用到網路上。當然可以，就像她的朋友，下一個範例中的松鼠愛好人士——珊迪。

範例：觀賞松鼠指南

珊迪想要撰寫一本她滿懷熱忱的書籍，就是觀賞松鼠（已經很熱門的賞鳥嗜好外的囓齒類版本）。珊迪知道多數書籍會在市場上失利，所以在抽出數個月寶貴的觀賞松鼠時間投入寫作前，想衡量大家對這本書的興趣。線上假門前型會是很有效的衡量辦法。

首先，珊迪花十美元買下SquirrelWatching.com的網域，接著用免費的網站設計工具自行建立基本網站，網站的登陸頁面上有模擬的書籍，加上簡述這本書的內容、作者生平，以及「立刻購買只要二十美元」的按鈕。如果有人點選「購買」按鈕，頁面就會重新導向到另一個網頁，顯示以下訊息：

喜愛松鼠的同好您好，

謝謝您對《觀賞松鼠指南》（*A Guide to Squirrel Watching*）感興趣。

我正在努力撰寫這本書，

但是進度尚未達到可以出版的程度。

要是您想預購初版書籍，

請在下方輸入您的電子郵件，

我會在可以購買時盡快通知您。

同時，祝您觀賞松鼠愉快，

也別忘了要施打狂犬病疫苗！

「松鼠女孩」珊迪・華生

一旦假門網站開始經營後，就需要讓全世界痴迷松鼠的人知道，於是珊迪製作一則網站廣告：

> 您喜歡追蹤松鼠嗎？
> 請至 www.SquirrelWatching.com
> 預購《觀賞松鼠指南》
> 作者是珊迪・華生，書價只要二十美元。

接著珊迪投資六十美元，把廣告刊登在與大自然相關的網站上，每當有人在線上搜尋松鼠相關議題時，就會跳出這個贊助連結。

現在，珊迪準備好蒐集自我數據了。有人點選珊迪的廣告時，就會重新導向到她的網站，訪客可以選擇提交自己的電子郵件（稍有付出代價），等書籍出版後即可接獲通知。執行這個假門前型實驗只要花費一百美元、幾小時的時間和最基礎的技術需求，卻能提供珊迪珍貴的自我數據。

譬如把珊迪的廣告開銷除以「購買」按鈕的點擊率，就能判斷出顧客獲取成本（Customer Acquisition Cost, CAC）。如果在廣告上花費六十美元，能帶來十五次「立刻購買只要二十美元」點擊，她的顧客獲取成本就是大約四美元（六十美元除以十五次），這是令人看好的結果，因為投入六十美元即可帶來三百美元銷售額。另一方面，如果珊迪只得到一、兩次的「購買」點擊數，最好回頭檢視行銷（網站設計、廣告用語等），或是她的市場參與假想。無論上述哪一種狀況，珊迪都能得到確實的第一手數據，幫助她決定要不要撰寫這本書。

假門前型的道德延伸討論

我知道已經談過與這個前型設計技巧相關的道德議題，但是還想多談一些，因為我知道很多人（包含我自己）都很關注這件事。安托妮雅和珊迪在測試構想是否為「對的它」時，是否做出違反道德，或至少有道德疑慮的事？

假設你無意細究安托妮雅和珊迪行動的哲思議題，要分析假門前型的道德時，有一個方法是考量安托妮雅和珊迪**不**使用這種前型的可能情境，也就是透過其他方法評估她們的市場參與假想。

安托妮雅沒有使用假門前型蒐集數據，而是走市調路線，她拿著筆記本，佇立在緬恩與橡木區（Main and Oak）角落（也就是她期望開設書店的地點），然後詢問行人：

你覺得這條街開設一家不錯的二手書店如何？

你會造訪這樣的店嗎？一年會去幾次？

你覺得自己一年會買多少書？

安托妮雅本人和手中筆記本在緬恩與橡木區的角落，但是她的數據卻來自另一個維度，也就是充斥構想和意見的世界，又名空想地帶。

安托妮雅憑藉空想的「研究」，顯現內心所想的這家店有著極大需求。多數人（占七七％）表示喜歡二手書店，會定期買書給自己和當成禮物送人。有一個老太太說：「舊書是適合給我朋友的禮物，十分別出心裁。我有很多朋友，至少每個月都會和妳買幾本書。」一位大學生表示，每個月至少會花一百美元買書，也十分期待在地書店。但不是每個人都抱持熱忱和樂觀態度；有人提出警告，其他家在地書店就因為沒有顧客而關門，因此安托妮雅的成功機會渺茫，但是安托妮雅在計算和規劃時，下意識自動忽略這些表示否定立場的人（確認偏誤）。

最後，安托妮雅預設每個月銷售量能達到一萬四千美元。受到這個預測鼓舞，她辭去工作，貸款十萬美元，簽訂為期三年的租約，並且買下一大批舊書，舉辦開幕活動。六個月後，書店黯然關門。安托妮雅欠款超過十萬美元又失業，這對她來說損失慘重，對吧？

同樣地，珊迪沒有享受到戶外觀賞松鼠追逐彼此尾巴，而是光憑旁人的意見決定寫書，包含親友提供的意見，還有退休的公園巡查員說：「我認識的每個人都很愛松鼠，對牠們非常感興趣。」珊迪花費兩年的時間埋首書案，以及數千美元寫作和自行出版。現在她會盡量不到車庫，因為不想看見五十箱沒有售出的書。

在這兩個情境裡，仰賴意見而非數據的安托妮雅和珊迪，都深受市場失敗定律所害，還有空想地帶的錯誤肯定所累，她們哀怨地喝了兩杯夏多內（Chardonnay）白酒，納悶自己是哪一步做錯了。

「我訪談的對象多數都抱持正面態度，並對書店引頸期盼，這些人都去哪裡了？」安托妮雅問道，接著喝下一大口酒，「現在大家都不買書了嗎？」

「至少能肯定他們不買我的書。」珊迪回答，也倒了一杯酒，「我花了這麼多該死的時間和金錢來寫那本松鼠的書……我覺得自己無顏再看那些松鼠了。」

現在想想安托妮雅和珊迪運用假門前型的前述情景，安托妮雅花費二十二美元和幾小時的時間，實際敲門的人一開始很失望，但是過一分鐘後就忘了，沒有造成什麼實質傷害。

在珊迪的案例中，在她的線上廣告假門敲門所花費時間和造成不便算是很細瑣，而她要撰寫並出版沒有什麼人感興趣的書，所需的時間、金錢及付出才大。

我希望你們同意在安托妮雅和珊迪的例子中，第二種情境會比第一種情境造成更大的痛苦與花費。浪費別人幾分鐘敲門，或是點擊線上假門，與安托妮雅和珊迪的潛在損失相比都微不足道。

每年有數百萬名像安托妮雅和珊迪的人，推出產品、服務及事業，最後在市場上失敗。想想這些失敗事業和沒人要的產品，對社會產生的成本負擔；想想數百萬件沒有售出的產品，在巨額投入開發、生產、宣傳及運送後，最終卻丟入垃圾堆。除非你從事破產或廢棄物處理業務，否則難道不希望讓安托妮雅和珊迪這樣的人受僱受薪或經營成功企業，而非負債或失業？

不僅如此，對假門提供內容沒興趣的人自然不會敲門或點擊廣告，所以他們並未遭遇不便；而那些敲門或點選假門的人，也就是對該構想有興趣，並且可能真正想有書店或松鼠書籍的人，也算是「投票」支持構想，提升構想實現的可能性。

同樣地，有了這些理性推論，你應該能體會我對假門技巧如同前述愛恨交加的原因，我愛是因為能快速又不付出昂貴代價即可執行，因此在幾小時內就可以得到符合真實世界的數據；但是也對其中隱藏的欺瞞做法有些反感。如果你也這麼覺得，我提出兩個解決方法。

第一個解決方法是，對敲假門或點擊「購買」按鈕的人坦白，並提供他們一些獎勵。例如在有人敲了書店的假門後，安托妮雅能走向對方，坦承自己只是在進行測試並致歉，甚至還可以給對方十美元的亞馬遜禮券買書，珊迪對她的假門網站也能有類似安排，好比說贈送所有點擊「購買」按鈕的人一頁松鼠辨識指南，或是其他價格不貴的松鼠相關禮物。如果你決定採用假門前型，我鼓勵你也做類似的事，讓局面變成雙贏：潛在顧客得到免費禮物，而你得到自我數據又不必覺得愧疚。

第二個解決方法則是採用假門前型的另一種變形，也是我接下來要和你分享的表面前型。

表面前型

表面前型（Facade Pretotype）與假門有一個重要差異，就是潛在顧客敲門或點擊「購買」按鈕時，會有人回覆和實際後續，他們可能得到自己所追尋的。我用以下一個精采範例，進一步說明這個技巧。

範例：CarsDirect線上賣車網站

在揭開網路世紀序幕時，IdeaLabs執行長暨世界級發明家比爾．葛洛斯（Bill Gross）想出線上賣車的服務。現在我們對這種網站已經司空見慣，但在當時卻是很創新的構想，能否取得市場成功還不確定。在大力投資前，甚至連一輛汽車存貨都沒有，葛洛斯採用我們所說的表面前型做法來驗證這個構想，以下是他的說明：

> 在一九九九年，我們開辦CarsDirect。當時大家不太敢在線上刷卡；而我想做的事是線上賣車！我們在某個週三夜晚架設網頁，一到週四早上，就接獲四筆訂單。我們迅速關閉網站（因為必須零買四輛車，然後運送給這四名不知道情況的顧客），不過這證明理論有效，於是我們開始建立真正的網站和公司[7]。

即使CarsDirect還沒有任何一輛車可賣，在週三夜晚放上的網站就算是表面前型，而不是假門。如果是假門的話，點擊車輛照片和說明旁邊的「購買」按鈕時，就會得到類似這樣的訊息：「抱歉，未能提供您想要的車輛。」

相較於道歉和提出理由，換得顧客非自願參與市調實驗，起初幾位看到CarsDirect網站就點擊「購買」按鈕的人，反而很快會有人把車送到他們的停車道上。那麼葛洛斯與團隊能得到什麼呢？

---

7 葛洛斯，〈這是我從事創業三十年學到的十二堂課〉（Here Are the 12 Lessons I've Learned in My 30 Years of Being an Entrepreneur），http://www.businessinsider.com/bill-gross-lessons-2011-12#would-anyone-actually-buy-a-car-online-29。

構想的最佳驗證：付出很多代價的自我數據，還有最佳代價：分別數千美元的四筆訂單。

表面前型需要比假門有更多投資和投入，所以為什麼不選擇迅速、費用低廉的假門做法就好？根據構想與情境，額外的投資可能有價值。首先，如同已經提過的，對某些產品和服務的類別而言，使用假門前型可能違反道德原則或根本不合法，像是假裝自己能治療某種疾病。

其次，與假門相比，使用表面比假門更能了解潛在商機。以CarsDirect的例子來說，葛洛斯和團隊不僅驗證有該項服務的需求（也就是大家願意線上買車），並且在運送實際車輛給第一批顧客時，也能親自學習必要的財務和法律文件，還有每次銷售的後端流程；更別說從每位顧客身上拿到數千美元的訂單，提供給潛在投資者更強力和說服力的證據，而不只是試算表記錄有多少人敲門或點擊「購買」按鈕。

範例：安托妮雅的二手書店延伸討論

我們已經看過安托妮雅如何以最少的時間和金錢，執行書店的假門實驗，如果她願意多投資一些，更進一步了解市場與顧客，就能獲益於表面前型。安托妮雅能採用類似CarsDirect的線上做法，為她的實體事業進行前型實驗。

和只是在閒置的建築或店面掛上招牌相比，安托妮雅可以租下門後的空間幾天，並在兩個書架上擺放已有的書籍，前方則擺放書桌。有人敲門進入時，安托妮雅就解釋目前還在處理庫存，但是如果顧客對於感興趣的書已經有了想法，她很願意替他們找書。以下是互動的情境。

潛在顧客開門走進來，期望看見擺放上千本書的一排排書架，在發現只有兩個書架和安托妮雅用電腦辦公的書桌時，感到十分驚訝。

「不好意思，我以為這裡是一家書店。」顧客說道。

「這裡是書店沒錯。」安托妮雅臉上浮現燦爛的笑容，回應道：「或者應該說很快就會變成書店了，等書的存貨送來。」

安托妮雅走上前，和這個還有些困惑的潛在顧客握手，接著說明：「我叫安托妮雅。我剛開業，正在測試市場和附近的狀況，不過已經能提供服務了，請問你在找什麼特定書籍嗎？」

「其實，我對斯多葛（Stoic）哲學很有興趣，想看看妳在相關主題是否有有趣或少見的書籍能讓我收藏。」

「好的，斯多葛學派。我想有一本漂亮皮革裝訂的馬可．奧理略（Marcus Aurelius）《沉思錄》（*Meditations*）十九世紀譯本，不過價格不便宜，大約兩百美元。你要我幫你訂購這本書，還是要找較低價的書？」

「當然，再麻煩妳了。只要書籍有價值，我並不介意花這些錢。」

「一點都不麻煩。對了，現在電腦正在搜尋，我可以用愛書人的身分詢問你的藏書嗎？」

如你所見，安托妮雅使用表面前型能掌握更多的數據，而不只是看有多少人敲門，她能知道哪一類的人會造訪書店、想找什麼書，還有接受的價位。

你大概可以從這些範例中，知道我很喜歡書，但是我也愛電影和影片，不只是出於學習與娛樂目的，還有用來進行前型設計，在下一節就能看到。

YouTube前型

自從電影和影片發明後，即可讓我們能想像並體驗尚未存在的事件、地點及裝置（如太空船、時光機），也就是幫助我們**假裝**情境，因此影片本身很適合用來作為前型設計的工具。

YouTube前型（YouTube Pretotype）設計技巧利用「電影的魔術」，為尚未開發完成或尚未普及的產品構想注入生命。如此一來，你就能和目標市場分享（用YouTube或是其他影片平台或裝置），然後取得構想所引發市場興趣的自我數據。

範例：Google眼鏡探索者計畫

Google眼鏡是眼鏡型態的頭戴式光學顯示器，除了能直接在鏡面上顯示資訊外，也裝設攝影鏡頭，所以使用者能祕密錄製或分享看見的畫面。在Google眼鏡正式亮相前，研發團隊錄製影片，顯示透過Google眼鏡能看到的世界。因為這麼有視野的構想，特別是來自Google的構想，一定可以產生熱潮並引發興趣，但是這樣的熱潮和興趣能否轉化為使用者承諾呢？有夠多人願意花錢購買Google眼鏡嗎？他們會怎麼使用？還有更重要的是，他們在一開始嘗鮮客的興致降低後，還會繼續使用嗎？

很肯定的是，介紹Google眼鏡的影片在YouTube上發布後，確實引發一陣熱潮。每個人都在談論這項產品，都對Google眼鏡是否會大幅改變人與世界互動方式有些預測。這並不令人意外，不過也沒有數據可循，只是一些空想地帶的意見和猜測。有多少人實際捨得花一大筆錢購買Google眼鏡？還有更重要的是，有多少人會經常使用？又是為何使用？

為了把尚未開發完成的構想影片轉換為前型，必須利用這樣的影片蒐集線上瀏覽數、按讚數及評論以外的事，還要想辦法把這支影片變成能產出自我數據的實驗。

Google眼鏡團隊做到這一點，他們在示範影片附上能加入探索者（Explorer）計畫的提議。要取得參與該計畫的資格，就必須付出代價。首先，要在推特上用#如果我有Google眼鏡（#IfIHadGlass）主題標籤發表訊息，描述你有Google眼鏡會用來做什麼（像是#如果我有Google眼鏡，會用來做廚藝秀）。

數千人在推特上發表想要如何使用Google眼鏡的構想，看完這些推文後，Google眼鏡團隊選出一些推特作者，並通知他們已被探索者計畫錄取。這些錄取者要做的是，支付一千五百美元的眼鏡費用，還有自費到舊金山、洛杉磯或紐約的Google辦公室，進行安裝和訓練。

這是不少金錢與時間的投資，可說付出很大的代價，不過仍有很多人付費前往，接受培訓，然後帶回Google眼鏡。起初這些探索者充滿熱忱，有些人甚至熱情過頭，好比說有一個知名的科技部落客，因為很沉迷Google眼鏡，還上傳自己戴著Google眼鏡洗澡的照片。

可惜的是，一開始的興致很快就被批判與反對意見取代，或許是出於嫉妒，或許是因為Google眼鏡能祕密錄製影片，Google眼鏡穿戴者很快就從受矚目的焦點，變成人們口中的「眼鏡混蛋」（Glasshole）。許多酒吧和餐廳禁用Google眼鏡，最糟的是，起初的興奮感褪去後，多數Google眼鏡探索者就不再戴了。

雖然Google展現許多應用方法的前景，但是原先的期望並未達成，所以Google眼鏡計畫便取消了。這個構想或許將來能在市場上用其他形式捲土重來，不過即使有著最初的熱潮，此刻這個科技版本並不是「對的它」。

你可能會懷疑這算不算產出錯誤肯定的前型設計案例，就像先前批評的焦點團體和其他憑藉空想的技巧，畢竟一開始興致高昂，還有許多人願意支付眼鏡的一千五百美元費用。答案正好相反，Google眼鏡完美示範，對某些產品而言，一開始的興趣和投入有其必要，但不足以判斷該產品是否為「對的它」，有些產品和服務的成功，取決於**重複**使用及**持續**參與。

特別是對Google和蘋果這類公司而言，要針對新構想創造許多關注通常不成問題，真正的考驗是這樣的關注能否轉化成長久的興趣與不斷使用。結合YouTube前型與探索者計畫，Google不僅能判斷產品引發的第一波興趣，更能追蹤有多少剛開始抱持熱忱的探索者在興奮退卻後還保有熱情。

當然，Google眼鏡團隊感到失望，但他們本來就沒有預計一定能成功，若是那樣預期，就會直接大量製造並設法賣出上萬組眼鏡，而不是先驗證構想。

因為在電影中一切都有可能，YouTube前型能用於任何構想的前型設計。不過也要記住，瀏覽數和按讚數不能算是數據，關鍵是要結合展現你構想的影片，以及能蒐集付出代價的方法。

YouTube前型通常能和另一種前型設計技巧結合，產生更好的結果，讓我用先前的例子解析這種方法的力量。

範例：智慧喇叭延伸討論

先前使用皮諾丘技巧對智慧喇叭構想做前型，在車上裝設四個假按鈕，分別代表不同的喇叭聲，以檢視我們使用的可能性、時機及頻率。我們可以結合這個皮諾丘前型和YouTube前型，也就是製作一支影片來展示各式按鈕與聲音的表現。起初錄製某人駕駛裝設智慧喇叭的車輛，展示喇叭能使用的各種情境。有位駕駛在打電話，沒注意到交通號誌轉為綠燈，就給對方禮貌的「嗶嗶聲」作為提醒；有人超車時，則會聽見更嚴厲的「你這個××！」

當然，智慧喇叭還不存在，所以這些按鈕沒有任何功用，這就是影片魔術派上用場的時刻。經過一些剪輯，你能在影片中加入適當的喇叭聲，製造出智慧喇叭可以實際使用的錯覺效果。一旦有了這支影片，就能在線上發布，讓觀眾有機會預定或是提供電子郵件給你，接收更多資訊。

範例：可攜式空汙感測器延伸討論

除了顯現即將推出產品的真實表現外，YouTube前型也給予測試構想行銷各種事例或情境的完美機會。還記得前一章提到的空汙感測器構想嗎？團隊相信第一個目標市場會是住在空汙城市的家長和孩童。為了要驗證他們的市場假設，可以製作一支影片來說故事，關於兩名家長使用可攜式空汗監測器維持女兒的健康，也就是在空汗程度嚴重時，不讓女兒在室外待太久。為了前型設計的目的，影片中展示的空汗感測器可使用與預期實體產品形狀和尺寸類似的無功能物體模擬。

範例：FeeBird賞鳥專用APP

很適合YouTube前型的一個產品類別就是軟體。把PowerPoint（或蘋果Keynote）簡報變成影片，就可以不用寫出程式碼，模擬任何想做的程式或應用程式，讓我來舉例說明。

假設你有一個名為FeeBird的APP構想，這個應用程式能讓賞鳥人士（先讓松鼠到旁邊休息）透過付費分享稀有鳥類發現位置，用嗜好賺錢。身為FeeBird開發者的你能以五美元販售該應用程式賺錢，還有每筆交易抽成二〇%。

如果你和我一樣是程式開發人員，一定迫不及待地想用電腦開始撰寫程式，但是我要先問：「你對自己開發這個應用程式的能力是否有所質疑？」當然沒有！這不過是小試身手，就算你不是軟體開發者，也能預設輕易僱人協助開發FeeBird。換句話說，開發這個應用程式本身並沒有風險，或是不確定能否完成的疑慮。不過製造成本卻不是零，這樣一個程式至少會花費幾週的時間開發、測試和除錯。因為我們知道多數應用程式未能獲得眾多使用者採用或賺更多錢，你應該用前型設計確保FeeBird是「對的它」，再進行投資。

所以與直奔電腦開始動用軟體開發工具相比，要做的是開啟慣用的簡報或繪圖軟體，並用來模擬應用程式的功能，讓我接著解釋。

我用蘋果Keynote在十分鐘內做出兩個FeeBird模擬畫面，第一個畫面顯示使用者附近有興趣鳥類的大致位置，還有以五美元購買詳盡地圖和位置的選項。

第二個畫面則是顯示使用者決定購買細節資訊會有的畫面：詳盡的地圖、GPS定位，以及對資訊評價的機會。

不到半小時，你就能設計出好幾張這樣的投影片，用以模擬畫面顯示使用者行

為的結果（搜尋鳥類、回報鳥類、確認看見鳥類行蹤），接著即可用動畫串連在一起，看起來就像是可以使用的應用程式。譬如點選有「購買」按鈕的投影片，螢幕就會跳到下一張，顯示鳥類位置的詳細資訊，使用者看起來像是點選「購買」按鈕即可奏效。一旦把動畫串連起來，再加上一些描述完成示範：

在你告訴 FeeBird 對哪些鳥類有興趣後，提醒螢幕就會在你附近有這些鳥類出沒時通知。例如你能看見當前位置的十英里（約十六公里）半徑範圍內有一隻北極海鸚（Atlantic Puffin），花費五美元就能得到這隻鳥的精準位置。點選「購買」按鈕後，你會看到詳盡地圖、GPS定位及方向。你開車到該地點，走了幾英尺的路程，接著……成功了，遇到一對北極海鸚，於是很開心地對賞鳥同好給予五星評價。

在這個流程的最後，你不僅擁有逼真又吸引人的應用程式示範影片，也可以學到要如何設計和置入什麼功能。

不過這還不是前型，只是較精細、生動的模擬，要成為前型，就要用這支影片蒐集資訊。做法有好幾種，例如你可以建立專屬網站展示影片，提供大家註冊登入的機會、取得應用程式發行通知，或是在賞鳥聚會上播放影片，看看是否有人想要付出代價（提供電子郵件或資金等）。

前型設計的投資報酬

借用最後一例介紹**前型設計的投資報酬**：在前型設計投資一些金錢與時間，如何讓你不用浪費大把時間和金錢打造「錯的它」構想。

假設你投資十小時和一百美元，打造精修版YouTube前型FeeBird應用程式的實際畫面、開發簡單網站，以及購買線上廣告，蒐集一些自我數據。經過一週，你的影片累積兩千人次瀏覽、一些仇視言論（「如自重的賞鳥人士才不會為這種資訊收費或付費」），以及最重要的是沒有任何付出代價。你做了一些更動，再進行一次廣告宣傳，然後又得到類似結果。你決定換一種方法，於是在賞鳥聚會上播放這支影片，結果噓聲一片。哎呀！要重新策劃才行了。

這個結果可能很讓人失望，但可以想見的是，如果你不是花費幾小時，而是花費十**週**（大約四百小時的工程時間，價值數千美元），開發真正的軟體，結果發現同樣的市場資訊（也就是沒有銷售量，而且多數賞鳥人士排斥買賣這類資訊的前提）。十小時外加一百美元，和四百小時與數千美元，學到的都是同樣教訓，你不覺得對前型設計的投資報酬實在很棒嗎？

進行大筆投資前先牛刀小試，在不熟悉一個構想前，不要急著全盤接受。說到全盤接受，接著要談論下一種前型設計技巧。

一次性前型

在特定場合單獨演出一場戲或一場秀，我是以此表演藝術實務為靈感，將前型設計技巧命名為一次性前型（One-Night Stand Pretotype），但如果你喜歡，大可把它與這個詞彙較淫穢的用法聯想在一起。

顧名思義，一次性前型的主要特性就是欠缺長期承諾或投資。順帶一提，那未必真的只有一夜或一次性，別過度從字面解釋。這個前型實驗持續的時間可以短到僅僅數小時，也可能長達幾個月。重點在於那是相對短期的承諾，你需要這些時間蒐集充分的資料，做出深思熟慮的決定。假如你要的是一百個資料點（data point），可以在一天內或單靠一項實驗取得，就這麼做；倘若你用一週和幾項實驗就能拿到必要資訊，就花費一週。話雖如此，有兩個我最愛提及的一次性前型例子，維珍航空（Virgin Airlines）與全球最大民宿短租平台Airbnb，都是從一次性／一夜的策略出發。

範例：維珍航空

一九八〇年代初期，傳奇創業家理查．布蘭森（Richard Branson）預訂飛往英屬維京群島的機票，要與當時的女友（最後成為他的妻子）見面，共度浪漫假期。豈料布蘭森搭乘的航班被取消，但他不像大多數人只會哀號抱怨，甚至咒罵航空公司，而是決定自創一夜航空公司（One-Night Stand Airline）。他借了一塊黑板，寫下「維珍航空／往英屬維京群島單程機票三十九美元」，聚集一群班機被取消的乘客，賣出的機票足以坐滿一架包機。

受到這項實驗成功鼓舞，布蘭森度假回來後，下定決心致電波音（Boeing）詢問：「你們有二手的七四七客機要賣嗎？」還真的有。布蘭森搶買一架，從一個航班擴大規模為有一架飛機的航空公司，維珍航空最終成為航空業最成功也最創新的航空公司，布蘭森的女友想必當時感動到非他不嫁。

範例：Airbnb

二〇〇七年，Airbnb的兩位創辦人喬．蓋比亞（Joe Gebbia）和布萊恩．切斯基（Brian Chesky），付不出舊金山住所的月租，為了在短時間內賺取高收入，想出在公寓房間裡放三張氣墊床（air mattress）出租的構想（這是Airbnb名稱中有「air」的由來），或許是想補償睡覺環境不夠舒適，租約裡還包含提供家常早餐（名稱中「bnb」的由來）。蓋比亞和切斯基買下airbedandbreakfast.com這個網域名稱，建立一頁式網站，附上地圖顯示他們公寓的所在位置，還在免費分類廣告服務網站Craigslist上刊登廣告。網站上線幾小時後，有兩男一女簽訂住宿一晚外加早餐的租約，每人支付八十美元。

那是名副其實的代價，也就是他們要共同承擔的風險。三位Airbnb首批顧客同意投宿在陌生人家中，與另外兩位素昧平生的人在一間房間裡過夜，不就是在冒險嗎？我不知道你會怎麼想，但是種種恐怖電影的情節在我腦海中湧現，不敢確定晚上能睡得安穩。事實上，要是有人把這個構想形容成商機，我腦袋裡跳出來的想法是：「這絕對行不通，我絕對不會花錢在陌生人家中過夜，旅館這種正統住宿加早餐的地方是怎麼了？」前些日子去旅行，Airbnb是我查看的第一個網站，我多半會在上面預訂一間民宿。這又是一個很好的例子，說明我們最初的反應、看法及預測有多麼不對勁。

在第一批客人離開後，蓋比亞和切斯基領悟到這是了不起的創意，會在市場上一炮而紅。Airbnb的策略大多做得對也行得通，幾年後市值超過一百億美元，我想蓋比亞和切斯基再也不擔心付不出房租了。

範例：特斯拉的快閃體驗店

開設汽車經銷店不僅成本昂貴，還要長期被綁在特定地點，萬一這個地點礙於一些難以預測的理由而發展不了，該怎麼辦？如何能取得數據來引導你做決定？一次性前型似乎可以協助達到理想的成果。

電動車大廠特斯拉為了開拓新市場，在當地試水溫，設計打造出便攜式臨時汽車展示間，這是由兩個貨櫃改裝而成，用卡車即可輕鬆載運到指定地點，幾小時內就能擴大為二十英尺（約六公尺）乘三十五英尺（約一〇．七公尺）的展示間。潛在顧客非但能搶先體驗特斯拉車輛，也有機會預付五千美元訂金在網路上訂車——真是不小的代價。在特定地點做最低限度的承諾，車子能賣得多好，快閃體驗店提供特斯拉絕佳的第一手數據，真是太棒了！

假設特斯拉想在大洛杉磯地區新成立一家經銷店，首先要搞清楚的是，洛杉磯的哪一個地點可以帶來最大銷售。其他豪華汽車經銷店的落腳之處，還有在某地的成功經驗，或許會是不錯的起點，但那是他人數據，不能自動假設向賓利（Bentley）、梅賽德斯（Mercedes）、凱迪拉克（Cadillac）、法拉利或藍寶堅尼（Lamborghini）等傳統豪華汽車或超跑製造商買車的人，對特斯拉會一樣買單。特斯拉知道無論在什麼地方開店，都會引起極大的關注，但來到特斯拉特色店的人有多少是只看不買，又有多少是認真的潛在買家？

特斯拉可利用現有數據，將選項縮小在半徑二十英里（約三十二公里）內，鎖定三個候選地點，然後將快閃體驗店結合一次性前型與ｘｙｚ假設（例如走進比佛利山莊展示中心的顧客，至少有〇．五％會拿出訂金預訂一輛特斯拉Model S車款），且取得寶貴的自我數據——要確認的並非「這是豪華汽車經銷店的理想地點」，而是「特斯拉經銷店的理想地點」。

進行大筆投資前先牛刀小試

如同大多數前型設計技巧，一次性前型的效果似乎在回溯時顯現出來。把「進行大筆投資前先牛刀小試」的概念應用在時間維度，這不是什麼難事，也就是做單次、數小時、數日或數週的測試。換句話說，在做出長期承諾前，用短期ｘｙｚ實驗來驗證長期ＸＹＺ假設。

不過無論懷抱多理性的想法，也未必會轉化成理性的行動，我看過太多人和組織投資新構想時，處理的方式一點都不理性，好比有組織尚未取得證明構想可行所需的數據，就先簽訂商業空間的長期租約，做出各種長期承諾。

過去我和任何人一樣也曾犯下這種過錯，開設的公司常常承租占地數千平方英尺的空間（足以容納數十名工程、業務、行銷、營運等部門員工），而且簽訂的都是長約，即便當時旗下只有數名員工，產品上市至少要再等一年，只能藉由一堆沒有付出任何代價的意見，來驗證自家產品。

滲透者前型

有時候小規模開發或生產新產品，只需要最低限度投資，承擔的風險也不大。在你掌握充分數據，證實新產品能引起足夠的興趣或需求前，貿然砸大錢想把新產品做對或量產，那樣風險才大。如果你發想的新產品，投入一小批甚或只有一組到市場上，利用別人的行銷與銷售資源來看看是否有人購買，不是很好嗎？

滲透者前型（Infiltrator Pretotype）於焉而生，顧名思義，滲透者技巧是指讓你的產品潛入別人既有的銷售環境（可以是實體店面或網路商店），將類似的產品置入一般購買管道，看看是否有人興趣大到願意冒險花錢購買。

範例：開關板 Walhub

這種滲透者前型設計技巧的靈感，來自設計師賈斯汀．波爾卡諾（Justin Porcano），他在舊金山領導名為 Upwell Design 的設計公司，這也是我最愛提及的例子。波爾卡諾設計出一款新穎的開關板，這塊塑膠或金屬製板子覆蓋在電燈開關周圍，防止牆面被手指汙漬弄髒。被波爾卡諾稱為 Walhub 的開關板設計，附掛勾和袋子，方便用來懸掛或放置鑰匙、雨傘、手電筒等物品。例如你可以把Walhub裝設在大門附近的電源開關上，方便拿鑰匙或是放置信件；不然就是裝設在地窖門邊放置手電筒，以防萬一停電時，你必須到地下室檢查斷路器。

就像所有發明者，波爾卡諾自認構想很棒，相信其他人會認為產品很有用而出手購買，他也想到像宜家家居（IKEA）或家得寶（Home Depot）這樣的居家修繕與家具賣場，是販售心血結晶的好地方。然而與大多數發明者不同的是，波爾卡諾夠聰明，會找資料驗證他的信念（是聰明人！），另闢蹊徑為設計的東西找出路。

首先，波爾卡諾到拍賣網站eBay，買了一件二手宜家家居員工制服。接著，他設計一些乍看之下像是宜家家居的產品標籤與價格標籤，然後貼在少數幾個Walhub的初期原型上。既然宜家家居以北歐語發音的名稱打響名號，波爾卡諾也把產品名稱由Walhub改成Wälhub作為最後潤飾，增加產品可信度，好達到實驗的目的。

波爾卡諾在幾個同伴的陪同下，穿著黃色員工制服，帶著一袋Wälhub，潛入當地的宜家家居門市。環顧四周，確定沒有真正的宜家家居員工在附近後，他將幾個Wälhub偷偷放在店內數個展示區的貨架上，選在顧客有機會發現進而購買的地方。因為波爾卡諾穿著正式的宜家家居員工制服，其他員工以為是同事，正在上架新品。

然後波爾卡諾退到一旁，觀察大家對Wälhub的反應。有多少人會停下腳步，端詳產品？如果有的話，又會有幾個人把Wälhub放入宜家家居的藍色大購物袋裡，以為那是如假包換的宜家家居商品？店內哪一處（如廚房、客廳、車庫）會吸引最多關注，並產生最大銷售？

觀察的結果是，Wälhub引起顧客興趣，好幾位購物者把一個Wälhub放到購物袋裡，然後去結帳。正如你所想的，波爾卡諾做的山寨版宜家家居標籤無法掃描，收銀員也不承認這是店內販售的商品。儘管收銀台出現小小的騷動，但結局是想買Wälhub的人通通可以免費帶回家。這是雙贏的局面：顧客拿到免費的贈品，Upwell Design獲得寶貴的自我數據。波爾卡諾和他的團隊拍下整個實驗過程，還將這支影片上傳到YouTube上（搜尋「Upwell Walhub Ikea」）。這支影片很值得找出來，看看這個實際操作的技巧極具啟發性，而且十分有趣。

多麼棒的驗證構想方法，不再只是空泛的見解，而是有著具體數據。說到顧客付出什麼代價，他們都願意把Wälhub放進購物袋等待結帳，還有比這個更好的嗎？以下這個自我數據的例子，波爾卡諾想必是運用滲透者前型設計蒐集而來：

- 實驗持續時間：一小時
- 經過陳列貨架的人數：兩百四十人
- 拿起Wälhub準備結帳的人數：十二人（占五％）

• 設法要買到Wälhub的人數：三人（占一．二五％）

當然，波爾卡諾需要的不只是創意，還要有膽識，這要承擔一些風險。滲透到一家大型連鎖店，假冒該店的員工，利用這家店的零售空間進行自己的市調目的，我並不知道會面臨什麼處罰。不過我猜想一旦被逮，你可能會遇上一些麻煩，就是你的產品受到媒體追逐，引起很多注意（確實在這個例子中上演）。

好消息是你不必冒著被逮的風險，就能使用同樣的技巧。雖然不像巧立名目潛入宜家家居那樣刺激，但是波爾卡諾大可給幾家五金行老闆一點錢（如一百美元），把Wälhub放在店裡幾週，看看是否有人會購買。

容我用幾句話，對波爾卡諾這位勇者的宜家家居實驗做總結：

結果比我期待得更好，這個實驗不僅協助驗證產品的消費者市場，還揭示有效包裝、價格點、零售空間的理想陳列點等資訊。除了實驗的研究層面外，波爾卡諾拍攝的影片也被我們當成行銷工具，結果換得七萬五千次的YouTube點閱率、一次全國性電視台的採訪，還有來自《廣告時代》（*Advertising Age*）這類新聞媒體的創意稱讚。得到如此寶貴的銷售和市調數據，Upwell Design 能讓六百美元行銷預算發揮最大效益[8]。

在實體店面執行滲透者前型技巧，不但刺激有趣又富有啟發性，因為你除了能追蹤數據外，也能觀察大眾對產品的反應。如果大多數人拿起你的產品，看了看價格，吹了一聲口哨後，就把產品放回架上，你可以很有把握地推斷，他們一定是認為太貴。不過既然消費者購物大舉移往網路商店，而且與日俱增，當然你可以這麼做！也應當這麼做，利用既有的網站流量，總是比費力吸引人流到新網站這個選項，來得便宜、迅速。

首先，你必須找一家有既定客戶基礎的網路零售商，他們客戶購買的產品和你要推出的新品，正好是同一類。接著，聯繫這家零售商並達成協議，測試性地展示你的產品。為了換取想要蒐集的數據，例如你可以主動提出讓零售商保留銷售收入，或是花一些錢「承租」一個線上小據點，這麼做很值得。一如既往，與其尋找大企業，接洽小商家合作進行這類測試會比較容易。

重貼標籤前型

藉由外觀上小小的改變，我們就能利用現有的產品或服務，形塑全新的產品或服務，重貼標籤前型（Relabel Pretotype）技巧就是善用這個好處——將其他標籤貼在產品上，假裝是另一種產品，觀察大家是否感興趣。

聽起來很可疑（fishy）嗎？未必如此，但是這項前型設計技巧的源頭確實和魚有關。

範例：隔夜壽司

幾年前，我和一小群史丹佛大學學生共進午餐，其中一名學生吃的是盒裝壽司，結果引發以下的對話：

一個大啖起司漢堡的學生詢問：「那個盒裝壽司怎麼樣？」

「好貴！差不多要十美元……不過至少他們送我一雙筷子。」

第三位正在吃著一碗辣椒的學生插嘴說：「我覺得根本是在敲竹槓，這貴得毫無道理，不過就是一坨坨米飯配上幾片魚肉罷了。」

吃起司漢堡的傢伙回應：「噢，但是選用的魚肉必須很新鮮，鮮魚都不便宜。」

8 http://vimeo.com/7931367[4]

辣椒小妞說：「我敢打賭，就算給你的壽司沒有那麼新鮮，沾上滿滿的醬油和芥末，你也吃不出有什麼差別。其實我敢斷定，平價壽司的市場才大。」

吃起司漢堡的傢伙笑道：「沒錯，我就看過隔夜壽司（Second-Day Sushi），最好立刻搶先註冊這個網域名稱。」

壽司男說：「我真心覺得這個構想不賴，只要還算可口，沒有什麼食安問題又夠便宜，我會考慮隔夜壽司。見鬼了，只要負擔得起，我可以天天吃壽司。」

吃起司漢堡的傢伙說：「我才不信，就算你瘋狂到真的大膽一試，只要頭腦清醒的人都不會為了節省區區幾塊錢，冒著食物中毒或是更大的風險。」

平常我吃飯時都會避談工作上的事，但在這種情況下，我忍不住把這種空想式的意見交流變成教學時刻：「你們知道的，我們能用前型來搞定……」十分鐘後，我們勾勒出藍圖。

首先，我們提出XYZ假設：

購買盒裝壽司的人中，至少有二〇％會嘗試隔夜壽司，只要價格是一般盒裝壽司的一半。

接著，我們將假設場景縮小到史丹佛校園：

> 今天午餐時間在庫帕咖啡（Coupa Café）購買盒裝壽司的學生中，至少有二〇%會選擇隔夜壽司，只要價格是一般盒裝壽司的一半。

最後，歷時一分鐘的**pretostorming**，也就是大家腦力激盪，設法為這個構想設計前型後，我們想出重貼標籤技巧。我們製作一些寫著「隔夜壽司：半價！」的標籤，咖啡廳販售的盒裝壽司有一半都貼上這個標籤，然後計算有多少百分比的人會為了節省幾塊錢，決定冒著食物中毒和腸子有寄生蟲的風險購買壽司。

如你猜想的，隔夜壽司的構想聽來好像有幾分道理（空想地帶），然而一旦在現實世界測試，證明要找到一個願意上鉤的人都很難，更遑論有二〇%的市占率了（抱歉！），隔夜壽司的構想一敗塗地，哈哈！

或許你已經注意到，隔夜壽司這個例子結合重貼標籤與滲透者兩項前型設計技巧。我們利用的不只是現成的產品和包裝，還有既有的

顧客基礎與基礎設施（如咖啡廳及午餐時間客流量）。結合多項前型設計技巧，你便能大幅降低實驗所需的成本和時間。接下來，你會看到另外幾個前型設計技巧組合的例子。

範例：書籍封面

你不能光從封面判斷一本書的內容，但可以獲取一些市場資料。我的朋友麥克（這並非本名，他的本名是史帝夫），對蒐集電腦程式設計方面的笑話有著狂熱，也熱中於到處散播（大多是冷笑話），他的收藏中有像這樣的傑作：「你會怎麼稱呼來自芬蘭的程式設計師？Nerdic（宅語）[9]。」（你認為我的雙關語沒有什麼說服力。）

因為我和麥克有交情，他向我提過要將這類笑話集結成冊，深信有很多程式設計師願意掏錢購買：「老兄，我宣傳這麼多笑話，對極客來說是很棒的禮物。」他還自認想出很完美的書名：《一〇〇〇〇〇〇〇〇程式設計笑話》（*100000000 Programming Jokes*）（一〇〇〇〇〇〇〇〇是數字二五六的二進制碼，明白了嗎？如果不懂也別慌張，我保證你不會錯過太多。）

同樣的事又重演了，這個構想聽起來好像可行，我確定他的書可以賣出，問題是能賣幾本？他的銷售量能多到證明，投入心血努力和金錢出版這本書是值得的嗎？利用前型設計技巧，麥克就能獲得若干自我數據來回答這些問題，將重貼標籤與滲透者這兩項前型設計技巧相互結合，在這個例子的效果好得不得了。

首先，我們必須將模糊不清的市場參與假想轉化為XYZ假設，是時候「用數字說話」。麥克認為「大多數程式設計師會買這本書」，不過當我們把「大多數」轉換成數字，得到的是「至少五〇%」，連麥克都覺得聽起來有點太過樂觀，最後他選定一個較務實的數字，匯集成以下的XYZ假設：

至少五%的程式設計師會花九．九五美元，購買《一〇〇〇〇〇〇〇程式設計笑話》給自己或朋友。

接下來將範圍縮小到xyz假設，可以在地書店協助進行測試（沒錯，有些書店屹立不搖）：

到山景城的獨立書店Books Inc.瀏覽電腦科學和程式設計書籍的程式設計師，在書架上看到《一〇〇〇〇〇〇〇程式設計笑話》，至少有二五%的人會拿起來細看。

9 譯注：是指只有科技愛好者才聽得懂的特殊語言。

倘若XYZ假設正確無誤，我們的xyz實驗理應也不會出錯。換句話說，如果至少有二五%的人在逛書店電腦程式設計專區時，看到《一○○○○○○○○程式設計笑話》的封面會拿起來翻閱，則每五人就有一人會掏錢買書的說法言之成理，只要它是貨真價實的笑話集。我們測試這個假設的方式是，把一本現成的書籍重貼標籤，換成《一○○○○○○○○程式設計笑話》的封面，然後放回書架，再計算看到書名後會拿起來翻閱的人有多少。

當然，他們在翻開書後，會體悟到真的不能單憑封面評判一本書。不過麥克可以適時出現，向書店顧客解釋該項實驗，為這個小小的惡作劇致歉，然後送上小禮物作為補償（也許是《一○○○○○○○○程式設計笑話》的試讀頁，有他蒐集的十則笑話）；或許他能向顧客說明書籍尚未出版，但是如果他們願意提供電子郵件地址（付出一些代價），他很樂意贈送。若是從這幾項實驗得出的數據證實他的假設，麥克就可以開始著手出書。

你當然能在線上進行類似的測試（或許也應該這麼做，好確認實體店面的實驗結果），但親自做這些實驗實在很好玩。只是切記要合法，不能違反道德，對提供自我數據給你的人慷慨大方一點。

前型設計的變化組合

有關前型設計技巧的例子，只要是我認為說服力十足的，都樂於搜羅和分享，還會為它們取一個令人難忘的名字。但要強調的是，我分享的前型清單一點都不全面，你只能視為幾個**前型設計心態**在運作的例子。把這份清單當作靈感來源，提出**自己的**前型設計技巧，將現有技巧做變化，或是結合兩種以上的技巧。你已經看見我這麼做了：隔夜壽司的例子就是結合重貼標籤與滲透者兩種前型設計技巧，不過容我再多分享兩個例子給你。

範例：現場展示前型

透過網路影片，可讓觀眾親眼看見尚未進入實用階段產品的操作過程，幫助他們了解產品的潛力（如同你運用YouTube前型那樣）。但這次不這麼做，而是改在現場觀眾面前親自示範，就像電視問世前的年代，對市場人群叫賣那樣，當時也沒有YouTube。

假定你想出一款應用程式，可以幫助學生放鬆心情、精神專注，如此一來，便能以更好的精神狀態學習與考試。你在自己和朋友身上做足實驗後，相信這款應用程式有用，但在投注數週或數月時間，正式開發、測試、發表、銷售該款應用程式前，必須先知道一件事，就是你的目標市場有多少比例的人，願意花費五美元購買應用程式。你又要歷經那些熟悉的步驟（也就是市場參與假想→XYZ假設→……），直到巧妙地縮小為xyz假設為止，你可以馬上進行這樣的測試：

今天午餐時間到校內書店的史丹佛學生，會駐足觀看三分鐘「放鬆、專注和學習」（Relax, Focus & Study）應用程式操作示範的人中，有一〇％會提供在校電子郵件地址，方便我們在應用程式推出後通知。

你在書店附近擺放桌椅，然後舉辦一場小小的示範操作秀：

大家聚集過來看《放鬆、專注和學習》應用程式的驚人力量。透過經科學證明的視聽信號組合，我們的應用程式會讓你的智慧型手機搖身成為令人驚奇的工具，能在短短兩分鐘內減輕你的不安，進入放鬆又專注的狀態，正適合學習。我的夥伴麗莎就坐在這裡，機器正在監測她的心率和血壓，如你所見，麗莎現在的心跳很快，血壓也很高，表示她有些緊張。這也難怪，身邊都是陌生人盯著，能不緊張嗎？不過注意接下來發生的事，麗沙戴上藍牙耳機，打開《放鬆、專注和學習》應用程式，專心看著螢幕。等等……等等……你看！她的心跳率和血壓開始下降，而且還在繼續下降……

你明白了吧！

示範操作結束後，你向全場學生宣布，這款應用程式尚未上市，不過如果他們到RelaxFocusAndStudyApp.com這個網站，輸入在校電子郵件地址（並不是像myantispamemail@hotmail.com這類用完即丟的電子郵件帳號），等應用程式推出後，就能用一美元而不是五美元購買。如果你的膽子夠大，臉皮夠厚，不妨當場收取一美元，甚至是更高的代價，只要你做好必要時退費的準備。當然無須拿暫定版本的《放鬆、專注和學習》應用程式做示範，找一支有音樂的影片幫助麗莎放鬆即可，暫時就用這個吧！

範例：少量前型

我們已利用假門前型，驗證市場對以觀賞松鼠為主題的非小說類作品有無興趣；也藉由重貼標籤前型，測試搜羅科技怪咖笑話的新書有沒有人買單。但是假定你正想撰寫更具野心與文學性的東西，好比小說，除了文筆夠好以外，成功的小說作品必須靠著有趣的故事及出色的人物角色吸引讀者。

如同大多數創業家和發明家，大部分的作家認為，他們構思的故事及角色都讓自己神魂顛倒，想必也能打動市場，遺憾的是事實並非如此。失敗之獸也愛吃墨水，書籍著作（尤其是小說）上市後，十之八九會面臨失敗命運。縱使你能說服作家經紀人或出版商，閱讀自己嘔心瀝血的傑作，他們還是會根據專家意見及對市場的了解做決定（通常是回絕），我們對事情會怎麼發展心知肚明。從《哈利波特》到《白鯨記》（*Moby Dick*），這些史上最成功的小說作品，一開始都吃過閉門羹，被多家出版社拒於門外。

所以小說作者或出版商要怎麼做，才能讓作品登上暢銷排行榜的機會極大化？他們應該先撰寫幾章作為樣本，藉此替書籍設計前型，再讓一小撮目標讀者先睹為快，蒐集一些自我數據。換句話說，將你尚待完成作品中的少許部分，免費讓市場先睹為快，然後要求讀者付出若干代價換取更多。

讓書籍大賣的方法有很多，但是最近我愛舉《絕地任務》（*The Martian*）作者安迪・威爾（Andy Weir）為例，這本小說講述太空人受困火星的故事。職業是軟體工程師的威爾，嗜好是撰寫科幻小說，但是就像多數滿懷抱負作家的遭遇，一而再，再而三被作家經紀人和出版商打回票，他在灰心沮喪下，決定把《絕地任務》張貼在網站上免費連載。一週接著一週，有愈來愈多人回來看連載，想知道受困在火星上的太空人境遇如何。終於威爾擁有數千名線上粉絲，不只拜讀他的故事，還自願花時間幫忙編輯、查核事實及提供小說構想。這是不折不扣的代價例子，讀者付出多少時間、精力，反映他們喜愛小說的程度，也是很好的市場參與初始指標。

故事發展比預期來得好，威爾應部分粉絲的要求，讓小說在亞馬遜電子書閱讀器Kindle上架。他原本想免費供人閱覽，但是礙於亞馬遜設定最低價格九十九美分，因此不得不要求一點代價。三個月內，威爾的小說賣出超過三萬本，稱得上是亞馬遜排行榜上的暢銷科幻小說。有了那種自我數據，你不需要去敲作家經紀人或出版商的門，他們自然會來敲你的門。短短幾週內，威爾非但有作家經紀人和出版商找上門，還有主流製片廠提議將他的作品改編成電影。無論小說或電影都有令人驚豔的成績，《絕地任務》是「對的它」。

成為產品前型的條件

如你所見，前型的形式繁多，要名副其實必須滿足三大必要條件：

一、前型必須讓目標客群願意付出某種程度的代價，藉此產生自我數據。

二、前型可迅速執行。

三、執行前型的成本低廉。

不過即使你信守這些條件，還有一大堆前型設計技巧與相關組合等你選擇，這又引發幾個問題：

你該使用哪些前型，要如何選擇？

你需要進行幾種實驗？

你需要蒐集多少數據？

你何時能中止測試？

你需要最後一套工具——分析工具，協助解答這些問題，這正是下一章的焦點。

第六章

分析工具

——蒐集數據後如何轉化為決策

你已知曉XYZ假設和縮小假設這類思考工具，幫助你將模糊不清又很難說分明的想法，轉化成一套清晰、客觀、可測試的假設。你也知道藉由土耳其機器人或假門等前型設計工具，能以又快又實惠的方式測試這些假設，蒐集到驗證構想是否可行的數據。現在你將學到分析工具，是如何協助理解蒐集的數據，如此一來，便可鄭重地將數據轉化為決策。

代價量表

我已多次提及**代價**（skin in the game）這個詞彙，只是用得隨興，現在是時候詳盡介紹這個重要概念並加以討論，附上案例告訴你如何實際運用[10]。

代價這個詞彙究竟從何而來，一直沒有明確答案。有人說是出自傳奇投資大師華倫．巴菲特（Warren Buffett）之口，又有人說這樣的主張毫無證據可證明。至於歷史最悠久的說法，我認為是來自毛皮獵人，他們玩撲克牌時拿毛皮而非現金下注。〔想到美元的俚語**buck**，這樣的推測不無道理，**buck**的典故出自**鹿皮**（buckskins），在某段時間被當成貨幣交易。〕

儘管關於**代價**的起源缺乏共識，但大多數人對該詞彙的意義看法一致。一般來說，玩**代價**這個詞彙的文字遊戲時，**game**是在暗喻某些可能非贏即輸的活動，**skin**則是暗喻在競賽中拿值錢的東西冒險（如金錢、時間或名譽）。根據本書的上下文，這場**競賽**是指將新構想帶到市場試水溫，在市場上的成敗將決定競賽的輸贏。

有別於西洋棋或足球比賽的是，我們的競賽不是零和遊戲：一項新產品輸了（市場失敗），未必代表另一項類似產品會贏（市場成功）。有產品掌握一〇〇％或九〇％的市占率，還能持續主宰市場數十年，這種例子極為罕見。換句話說，這是一場艱困的競賽，想贏沒有那麼容易，如同我們所見，大部分的人多數時候都會敗下陣來。萬一你輸了（你的構想在市場上失敗），會賠上所有或大部分的投資（skin），但是如果你贏了（你的構想在市場上成功），你的投資不僅會回本，還將有一些額外收穫，有時會是大豐收。這些額外收穫讓比賽與承擔的風險很值得，也帶給很多人樂趣。

有創新想法的創業家、發明家及投資人，會不假思索地冒險，而且通常下很大的賭注。如果馬克辭去不錯的工作，辦理二胎貸款，每週工作八十小時，就是為了一圓創業夢，他就是付出各種代價，包括金錢（放棄高薪還去借貸）和時間（每週工作八十小時），真的是冒著很大的風險。

瑪莉說服公司投資她的新發明，讓她主導開發工作，即便她不是花費自己的錢，公司也願意為她犧牲的時間付費，但是萬一發明未能符合公司期待，她投資的（和拿來當賭注的）是自己的名譽、未來升遷機會及獲利潛力。一旦創投資本家或天使投資人決定投資一個構想，他們投注與拿來當賭注的，不只是金錢和時間，還有在創投界的名聲。

身為創業家、發明家或新構想的投資人，你別無選擇地必須付出一些代價，而且這樣的代價通常都很大。大家心知肚明，也認為這在預料之中，事情本該如此。付出代價代表你在冒險，這些賭注攸關得失，全憑結果而定。敢付出代價，表示你鄭重地看待構想，是做過功課的，不畏挑戰，兵來將擋，水來土掩，而不是一有麻煩就放棄構想。你付出多少代價，代表許下多大

10 我非常推薦納西姆·尼可拉斯·塔雷伯（Nassim Nicholas Taleb）的著作《不對稱陷阱：當別人的風險變成你的風險，如何解決隱藏在生活中的不對等困境》（*Skin in the Game: Hidden Asymmetries in Daily Life*，羅耀宗譯，大塊文化，二〇一八年十月），可藉此書對這個重要概念，做更廣泛深入的討論分析。

的承諾，以及你認真與深思熟慮的程度。

但要確保自己不要付出太多代價去發展構想，直到能證明市場對你構想的興趣，大到甘願付出代價，冒險一試為止，給的不是意見，不是預測，而是值錢的代價！

在有人願意為你的構想付出代價前，別將他們視為潛在顧客或使用者，他們只是旁觀者，沒有什麼好失去。他們甚至可能幸災樂禍，眼睜睜看著你和你的構想徹底失敗。

提到判斷一個構想的市場潛力與成功機率，我們必須根據剛性資料（hard data）好好琢磨，而這些數據必須從願意為構想付出代價的人身上得來。我再說一次，因為就是這麼重要：**你要為自己的構想冒險之前，先確定目標市場願意付出一些代價。**

但是，你的目標市場要付出什麼代價才算合格？你又需要多大的代價？

為了幫助你解答這些重要問題，我研發出代價量表（Skin-in-the-Game Caliper），可用來針對目標市場五花八門的回應，給予代價「評分」。這個量表還能量身訂做，以符合特定產品與市場的需求。

範例：國王蛋糕機

假設我想出開發家用國王蛋糕機的構想，一台售價兩百五十美元。在這台國王蛋糕機內放入麵粉、水、雞蛋、鹽等材料，還有你選的餡料，兩分鐘後，完美成形的國王蛋糕新鮮出爐，從這台不可思議的機器彈出來，真好吃！

在空想地帶（還有祭五臟廟時），國王蛋糕機的得分很棒，很多朋友和同事熱愛這個構想，都表示一定會幫家裡添購一台（耶，沒錯！）。遺憾的是，設計、開發、生產國王蛋糕機需要大筆投資，就連一次性原型可能都要耗時數月、花費數萬美元才可以得到。我自己都要付出那麼大的代價，所以在從事這項投資前，我需要從目標市場得到比意見和承諾更具體的東西，我需要看到自我數據，而且這些數據反映目標市場為我的投資付出一些代價。

我能運用最愛的前型設計技巧之一——土耳其機器人，設定實驗蒐集自我數據。將假的國王蛋糕機放在桌上，用桌巾掩護的桌下有我的同伴，拿著一籃預先做好的國王蛋糕。在我按下這台根本不會運轉的機器按鈕時，同伴會播放事先錄製好的機器運轉聲，接著讓國王蛋糕成品出爐。我還能利用現場示範操作這個前型設計技巧，蒐集自我數據，無論是線上示範，或是與現場示範雙管齊下皆可。

大家看過國王蛋糕機的現場示範後，問題來了，這些來自市場的回應，我要怎麼為代價評分？代價量表在這裡派上用場，後面會放上國王蛋糕機的代價評分實例。

如你所見，我對於代價評分吹毛求疵到不近人情。舉例來說，別說是隨意發表的意見，我就

證據類型	範例	代價評分
意見 （專業或非專業）	「很棒的構想。」 「沒人要買。」	0
鼓勵或潑冷水	「大膽嘗試吧！」 「安分一點。」	0
用過即丟的、假的電子郵件地址或電話號碼	bogusemail@spam.com，(123)555-1212	0
社群媒體留言或按讚	「這個構想很爛。」大推或不推、按讚	0
線上或離線的調查、民調、訪問	「用 1 至 5 表示，你購買的可能性有多大：_____。」	0
被明白告知是用來通知最新產品資訊後，提供的有效電子郵件地址	「給我們你的電子郵件地址，方便你接收產品更新通知：______。」	1
被明白告知是用來通知最新產品訊息後，提供的有效電話號碼	「給我們你的電話號碼，我們才能致電通知產品訊息：(___)___-_____。」	10
時間承諾	觀看三十分鐘產品示範操作	30 （每個產品／分鐘）
訂金	支付五十美元訂金列入等候名單	50 （每個產品／美元）
下訂單	支付兩百五十美元取得前十組上市產品的優先購買權	250 （每個產品／美元）

連所謂的專家觀點都視而不見，這是因為經驗告訴我，通常專家不會比非專家來得高明。例如福特汽車推出的艾索車款，堪稱福特史上最失敗的商品，提出這個構想的都是汽車市場專家，過去立下很多戰功。網路搜尋龍頭Google則是另一個類似的例子，說到開發網路產品，沒有幾家公司比Google更專業，但Google Wave、Google Buzz及許多其他以網路為基礎的創意，卻都以失敗收場。同時，不少被專家認為行不通的構想，結果卻出人意料的大成功。作家J．K．羅琳（J. K. Rowling）就是最好的例子，被全世界經驗最老到的出版社回絕多次，直到有編輯願意在她的處女作《哈利波特》賭一把為止。不管是什麼意見，無論是出自誰的見解，在這個量表都被評為零分的原因在此。

網路按讚、大推、不推、推文、回推、社群媒體留言、民調及各式各樣的調查，我也都打零分。漫不經心地按讚、留言或寫推文，這些太過容易，毫不費力。沒有付出代價，就沒有分數。

如果有人自願給你**有效**電子郵件地址，電子郵件擁有者也了解，這是等你的特定產品推出、更新或有其他資訊時，作為聯絡之用，由此取得的數據，我認為具備最起碼的可信度。這裡指的有效電子郵件，必須是如假包換的電子郵件帳號，擁有者確實會查看，並且固定使用，不是用過即丟的，多半是在被迫情況下會給的那種電子郵件。根據我的經驗（也或許是你的），大多數人很保護主要電子郵件地址，會慎選給予的對象，這意味對他們而言，電子郵件有著幾分價值。有鑑於此，我將有效電子郵件視為目標顧客付出的代價，只要他們知悉這是為了便於被通知特定產品資訊，心甘情願給你[11]，不過這樣的代價算是最小的，因此我只給一分。

另一方面，我給予有效電話號碼十分，為什麼會比電子郵件地址高出許多呢？畢竟大多數人對個人電話號碼的保護程度更勝電子郵件，對於分享電話號碼給別人會更小心謹慎。

有人願意付出寶貴時間來認識我的產品，每花一分鐘就給一分。假設某人樂意花費三十分鐘聽新產品介紹，會得到三十分的代價評分，因為他們無疑對產品是真的感興趣。

最後，要來談談代價的終極形式：鹿皮——古老的貨幣。俗話說：「有錢能使鬼推磨。」（Money talks, opinion walks.）好吧！這個俗語的確切說法並非如此，我擅作主張拿「意見」（opinion）替換牛糞（bullshit），這個字眼雖不吸睛卻很實用，糞肥至少能當作肥料。說到錢，我把事情簡化：一美元值代價評分一分。

儘管將錢的單位換成當地貨幣，評分時可按照你的想法或市場狀況做調整，但是不要過度講求精確（如電子郵件值〇·四分、電話號碼值三·七分）。倒是能從數量級的觀點思考（如一、十、一百），讓直覺與經驗引導你做決定，將無代價（零分）與有代價做清楚區隔，遠比在分數上錙銖必較來得重要。為這些相對價值評分時，確保自己是誠實、客觀和理性的：例如支付五十美元訂金，應該比提供有效電子郵件地址更具價值。

範例：兩個團隊的故事

學生或客戶拿著**自認為**數據的東西來找我，我一直都是用代價量表協助解惑，以下是情境模擬實例。

想像有A、B兩個團隊找上你，各自帶來不同的新產品投資商機。A團隊為了說服你，展示一支酷炫的YouTube影片，示範未來將要上市的新產品，接著炫耀一堆無須付出代價的指標：

短短一週內，我們吸引十四萬瀏覽人次，兩萬人按讚，喝倒采的只有一百人。看看這些評論：「了不起」、「這太棒了！」、「不可思議的構想」……

B團隊也有一支影片，但不以總瀏覽人次、按讚數或網上留言來說服你，他們呈現數據的方式如下：

11 如果你是在擁有者未明確同意下蒐集（或買到）電子郵件地址，或是以濫發為目的收購（如只花三十九．九九美元取得十萬個電子郵件地址），對這樣的電子郵件應該棄之如敝屣。

我們製作一支兩分鐘影片，展示新產品的功能；另外，花費四百美元在線上刊登廣告吸引人流。經過一週的統計，有八千人看完整支影片，在影片尾聲，給予觀眾提供電子郵件地址的機會，以便產品正式上市後知會他們。我們收到一百二十個電子郵件地址，其中有四十個無法確認，只有八十個有效。一週後，我們發送電子郵件給這八十個人，告訴他們有機會以一百二十五美元的價格（提供早期採用者五〇％折扣），購買發行前版本（手工製）產品，我們接獲二十筆訂單。

用先前的代價量表評量，A團隊能拿多少分？答案很簡單，零分！鴨蛋！在外行人的眼裡，A團隊提出那些不容質疑的數據，或許比B團隊的數據更讓人印象深刻（如十四萬瀏覽人次相對於八千人），但那不是理想的自我數據。A團隊甚至沒有告知，他們花費多少時間或廣告預算，才得到十四萬瀏覽人次這些數字。

反觀B團隊，給予的不只是數據，還有清楚的來龍去脈，方便我們評價。最重要的是，他們取得的自我數據，是從願意付出代價的潛在客戶而來：

花四百美元刊登廣告，換來八千人次瀏覽，代價評分是零（光是有人瀏覽無從評分，但是得到一個有趣的初估數字，計算每次瀏覽花費多少成本，例如〇．〇五美元／每次瀏覽）。

八千人次瀏覽，換來八十個有效電子郵件地址，代價評分是八十分。

八十個有效電子郵件地址，換來二十筆各一百二十五美元的訂單，代價評分是兩千五百分。

A團隊的構想是「對的它」，可望取得轟轟烈烈的成功，百分之百有這種可能，他們有大量看似驚人的數據可分享，但是要取信於我，必須讓我看到實實在在的數據，也就是付出代價的自我數據。我送給A團隊這本書，要他們回來找我時帶上一些毛皮（pelt）。

另一方面，B團隊給我確實又有用的數據：投資四百美元刊登廣告，換來八十個有效電子郵件地址（每個電子郵件地址五美元），以及兩千五百美元的訂單。當然，我想要多做一些實驗（馬上告訴你原因和做法），那是有希望的開始。

數據未必全是公平產生，即使是自我數據也不例外。A團隊重視的是數量，B團隊看重的則是品質。數據的品質勝過數據的數量，數據展現品質的重要性與付出大代價的數據不相上下。

蒐集付出代價的自我數據來驗證市場參與假想，是必要的第一步，但光靠原始數據本身是不夠的。為了汲取數據的價值，做出理性與通情達理的決定，我們必須設法將數據解釋、衡量、加以比較，並結合其他相關數據。

比方說膽固醇檢測數據是指兩種數值的比例，也就是每公合血液中有多少毫克的膽固醇。假設你做年度健康檢查，從驗血結果得知，總膽固醇是每公合三百毫克。這個數值本身並沒有太大的意義，但是醫師拿出圖表給你看，按照統計學的說法，總膽固醇三百毫克者死於心臟病的機率，會比總膽固醇兩百毫克者高出四．五倍，你大概會下定決心暫時拒吃起司漢堡。

「對的它」量表

「對的它量表」（The Right It Meter）縮寫是TRI Meter，我開發這種視覺分析工具，是為幫助你盡可能客觀解釋蒐集的自我數據。更精確地說，對的它量表是測量工具，協助估量構想在市場上成功的機率。但這個工具的技術性不高，也不會太過複雜難懂，所以無論何時需要用來評估構想成功的可能性與進行統計，都能輕鬆達到目的。

首先，我要向你展示「對的它量表」的型態，接下來會說明如何使用與詮釋。「對的它」量表歷經四項前型設計的實驗（在圖的右方以四個白色箭頭表示），如你所見，對的它量表分成五個等級，代表不同的成功機率，從非常可能（一〇%成功機率）到非常不可能（九〇%成功機率），是指你構想成為「對的它」的可能性。

為何只分成五個等級，而不是七個或十個？對於是否應該增加更多等級（如「極不可能」與「極有可能」），我曾為此爭論，但只會徒增複雜性，無異於暗示目前提供的實驗工具和對象（如人）應該更精確，這麼做是迫使我們在無法得到任何保證的環境中，追求百分之百的確定感。這就是「對的它量表」會從機率一〇%起跳，以每二〇%的間距遞增到九〇%，而不是採取零到一〇〇%這種更精細間距遞增的原因。我是「用數字說話」的鐵粉，但是這類預測如果過分要求精確與信任，會讓我想起蘇斯博士（Dr. Seuss）在一九九〇年的精采著作《你要前往的地方！》（*Oh, the Places You'll Go!*）中的句子：

你會成功嗎？
是的！一定會
九八又四分之三%的機率保證。

這幾句話總是讓我會心一笑。可惜的是，我無法給你九八又四分之三%這麼精確的保證，也沒有人做得到（或許蘇斯博士除外）。我很確定，就連這位好博士自己都預測不到，《你要前往的地方！》銷售量突破五百萬本，歷經二十年後還是暢銷書，我們談的這本書是「對的它」。

如果你專攻物理或化學，儀器夠精密，就能準確測量出六二．七%與六三．三%之間的差異，並找出兩者的相關性。但這裡要處理的是很難量化的市場和人之行為，不過若是適當應用我分享給你的工具與技巧，你的成功機會就會大增，保證有八〇%！

現在來談談圖中的箭頭，圖的下方這個不祥的黑色大箭號，被標上「市場失敗定律」，是指非常不可能成功。那個箭號提醒我們客觀事實，新構想大多會在市場上失敗，也協助確定一件事，只要我們做足實驗，蒐集夠多的自我數據，

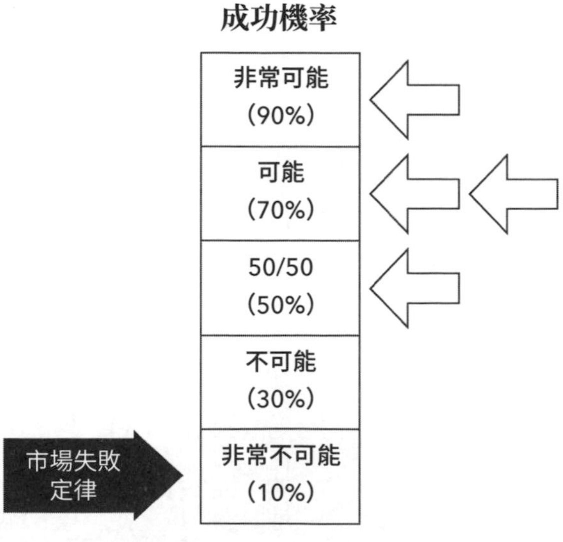

即便市場失敗定律初步預估的成功機率低得嚇人，也能發揮抵銷作用，我打個比方來闡釋這項重點。

在美國刑事法庭上，不能單憑合理的懷疑定罪，被告在被證明有罪前都視為無罪。不僅如此，舉證責任落在檢方身上。進行刑事審判時，被告不必證明自己無罪，反倒是檢方必須提出讓人信服的充分證據，證明被告有罪。我們從刑法移向市場定律，對新發想的構想進行審判，一開始假定我們的構想「有罪」，是「錯的它」，也就是在市場上註定會失敗。我們的職責是提出足夠的鐵證，動搖陪審團站在新構想這邊。

同樣地，天文學家卡爾．薩根（Carl Sagan）的至理名言：「非比尋常的主張，需要非比尋常的證據。」（Extraordinary claims require extraordinary evidence.）無人不知，無人不曉。「對的它」產品未必有多**特別**（甚至多到爆），但它們是例外而非定律。因此我們的座右銘或許應該是：「特別的主張需要足夠的證據，證明它的獨到之處。」（Exceptional claims require sufficient evidence to support the exception.）我們法庭唯一認可的證據，是付出代價的自我數據，而進行前型設計實驗是取得自我數據的不二法門，這把我帶向其他的箭號。

圖右側的白色箭號，各自代表不同的前型設計實驗，以及各個實驗相對應的成功機率。要呈現這種對應關係，必須判定從實驗蒐集的數據，能否驗證（即支持）你的假設，還有驗證的效果有多好。想要達成這個目的，你可以在做實驗，並從中蒐集資料後，詢問下面這個問題：

倘若這個構想註定在市場上成功，也假定它執行得當，特定的前型設計實驗證明構想成功的機率有多少？

記得前型設計實驗的目的，是要測試特定的xyz假設，而這些源於市場參與假想，因此你真正要問的是：

如果我們的市場參與假想正確、可靠，前型設計實驗產生數據的可能性有多大？

這裡的指南是幫助你將答案對應到「對的它量表」：

若是數據結果**遠遠超出**假設所預測，箭號指向**非常可能**成功。

若是數據與假設**不謀而合或略為超出**預測，箭號指向**可能**成功。

若是數據與假設預測的**有些微落差**，箭號指向**不可能**成功。

若是數據確實與假設**不符**，箭號指向**非常不可能**成功。

最後，如果數據基於某些理由**模擬兩可、有錯誤可能或不好解釋**，將箭號指向五〇／五〇，或是索性捨棄不用。畢竟即便在科學界，也不是所有實驗都能產生清晰可靠的數據。

範例：隔夜壽司

一切聽起來比實際情況還要複雜，所以讓我示範給你看，如何將「對的它量表」應用到隔夜壽司上，這個例子雖然比不上鮮魚那麼新鮮，但你應該還記憶猶新。首先，確定有ＸＹＺ假設，才能進一步縮小到ｘｙｚ假設。

你想起來了嗎？我們針對隔夜壽司做出以下的ＸＹＺ假設：

> 購買盒裝壽司的人中，至少有二〇％會嘗試隔夜壽司，只要價格是一般盒裝壽司的一半。

接著，將假設縮小到第一個ｘｙｚ假設：

> 今天午餐時間在庫帕咖啡購買盒裝壽司的學生中，至少有二〇％會選擇隔夜壽司，只要價格是一般盒裝壽司的一半。

為了測試第一個xyz假設，我們想出重貼標籤前型：將陳列販售的壽司，一半貼上「隔夜壽司：半價！」的標籤，然後計算有多少人會購買。

假設陳列一百盒壽司，一半（五十盒）貼上隔夜壽司的標籤，我們必須蒐集的關鍵數據是，隔夜壽司在所有賣出的盒裝壽司中占多少百分比；換句話說，午餐想吃壽司的人有多少選擇購買隔夜壽司？

假設午餐時間，學生共計購買四十盒盒裝壽司，其中有幾盒被貼上隔夜壽司的標籤？這裡做出幾個情境模擬，用表格呈現。

以下是各個結果對應「對的它量表」的情況：

結果A（隔夜壽司一盒也沒有賣出）：你捫心自問：「如果隔夜壽司是『對的它』，賣出的

結果	40 盒賣出壽司中是隔夜壽司的盒數	百分比
A	0	0
B	2	5
C	6	15
D	8	20
E	16	40
F*	2	5
G**	30	75

* 實驗當天，《史丹佛日報》（*The Stanford Daily*）刊登一篇關於吃生魚片風險的文章。

** 吃午餐的客群中，包括一百三十位參觀校園的日本學生。

四十盒盒裝壽司中，隔夜壽司掛零的可能性有多少？」倘若你的第一個xyz假設預測能賣出八盒隔夜壽司，結果一盒也沒有賣出，這個構想是不是「對的它」當下立判，箭號理應指向「非常不可能」成功。

結果B（賣出的壽司中，隔夜壽司占五％）：這個結果不像前一個那麼令人沮喪。畢竟你販售不怎麼新鮮的壽司，還是有兩人買單，但和假設預估會有二〇％的人購買，還是差得很遠。除非我們願意大幅扭轉商業模式，徹底顛覆期待（例如鎖定那些不顧一切的傢伙，就算手頭**真的**不方便，還是想吃壽司），按照結果B來看，箭號也該指向「非常不可能」成功。

結果C（賣出的壽司中，隔夜壽司占一五％）：從這個實驗中得出的數據，證明某種可行市場（viable market）存在的可能，但市場又沒有大到足以證明我們的假設無誤，也就是半價販售隔夜壽司的生意會成功。現在除非我們決定有相應動作，調整商業模式和期待，否則依照數據，箭號會指向「不可能」成功。

結果D（賣出的壽司中，隔夜壽司占二〇％）：這雖然在我們假想市場預估區間的底部，但是完全符合證實假設的最低門檻，箭號理所當然會指向「可能」成功。

結果E（賣出的壽司中，隔夜壽司占四〇％）：這份結果壓倒性地擊敗我們的預測。若是我們這麼問：「如果隔夜壽司是『對的它』，賣出的四十盒盒裝壽司中，十六盒是隔夜壽司的可能性有多少？」可以胸有成竹地回答「非常可能」。

結果F（賣出的壽司中，隔夜壽司占五％）：這個結果讓人洩氣，但該份數據被打上問號，理由是出現不幸的巧合，學校日報的頭版剛好刊登探討大啖生魚片風險的文章。有鑑於此，我們將箭號指向五〇／五〇（沒有結論），或是索性將該數據棄之不用。

結果G（賣出的壽司中，隔夜壽司占七五％）：這個結果令人難以置信，但仍須客觀看待，不能忽略的是實驗當天罕見的有一大群高中生湧入咖啡館，他們是參加大學參觀之旅的日本學生。或許這群年輕學生對隔夜壽司的標籤一知半解，也可能他們買午餐的錢不多。無論如何，既然這種狀況非比尋常，我們或許應該摒棄這個特殊的結果。雖然很想相信自己的構想是歷來最棒的，但也得小心不要自欺欺人。

你需要多少數據才夠？

在明白「對的它量表」的規模，也知道如何將蒐集的數據對應到構想的成功機率後，必須回答一個重要問題：要蒐集多少數據才夠？首先，讓我明白告訴你，光憑一次實驗是不夠的，無論你認為實驗結果有多明確或具有決定性。

試著這麼想，以上述的隔夜壽司例子來說，如果第一次實驗出現的是結果A（隔夜壽司一盒也沒有賣出），我們就會放棄這個構想吧？如果實驗出現的是結果E（賣出壽司中，隔夜壽司占四〇％），賣出的隔夜壽司是原先預期的兩倍，我們會不顧一切地全心投入這門生意嗎？在回答這個問題前，先思考另外兩個面臨重大決定的例子：

才約會一次，你就會求婚或接受求婚嗎？希望不會，即便那是一次**無可挑剔的約會**。才相處幾個小時就有值得期待的徵兆，你可能找到自己的真命天子或真命天女。不過就和「對的它」一樣，「對的他」（The Right Him）或「對的她」（The Right Her）是例外，而不是定律，因此要多幾次約會來證實最初的結果，才是明智之舉。

假如針對面試公司職務的應徵者，你會只詢問一個問題，然後光憑這個回答就做出僱用與否的決定嗎？

「一輛校車能塞滿多少顆乒乓球？」

「呃……我不確定……十萬顆？」

「錯！差得遠了，顯然你不是在彭氏工業公司（Pong Industries Inc.）上班的料。謝謝你來面應，祝你求職好運，門在那邊。」

光靠一次前型設計實驗，不足以準確判斷我們的構想會不會成功，縱使那一次實驗結果清楚明確又極具說服力。這是因為許多潛在因素恐怕會扭曲實驗，一旦我們察覺到這些因素可能玷汙實驗（如同在隔夜壽司的例子所見，出現一篇有關壽司食用安全的駭人報導，或是突然來了一大群日本訪客），會讓實驗結果大打折扣或乾脆棄之一旁，但是對於可能歪曲或敗壞數據的種種原因，我們不可能面面俱到。

一個完全沒拉過弓的射箭新手，還是有可能第一次就射中靶心，而一位射箭老手偶爾命中失準也不是不可能的，這就是你需要好幾支箭，瞄準「對的它量表」範例的原因。

要對實驗結果產生信心，就需要多做幾次前型設計實驗，驗證多個ｘｙｚ假設。你需要做多少實驗？就像在問你應該約會幾次，才會向對方求婚或點頭同意嫁給對方；或是對應徵重要職務的人面試時，該問幾個問題才會願意錄用。這些問題的答案取決諸多因素（約會進行得如何、你努力想補人的職缺有多重要等），但是約會（或問題）的數量不該只有一、兩次或一、兩個，你不同意嗎？

無獨有偶地，說到前型設計，答案也取決於很多因素，例如：

你打算對這個構想做出多大的投資？

萬一這個構想不中用，你能承擔多少時間或金錢的損失？

你需要多大的把握才能做決定？

你目前實驗得出的結果，可以做出結論嗎？

按照經驗法則，我要說的是**最低限度**需要設計三到五次實驗執行，萬一執行構想要冒不小風險（如辭職，或「賭上公司的前途」），或是大筆投資，就該再多準備幾次實驗。實驗次數應該和投資及失敗的後果相襯，也就是視你付出的代價而定。

解釋「對的它量表」

既然你已知如何從個別實驗取得的自我數據，標示在對的它量表上，接下來要告訴你怎麼解釋整個結果，然後決定下一步。為了方便解說，我要藉助範例情境，展開構想發想到證明是「對的它」的經典旅程。戴好你的拳擊手套和護牙套，我們即將進入拳擊場，與失敗之獸進行好幾回合對戰。

第一回合：往臉上打一拳

我們從最常見的情境開始。除非你走狗屎運，否則最初構想（構想一）在反覆進行兩次實驗後，在對的它量表上會如同圖一所示。

如果你是菜鳥拳擊手，難免會被初來乍到的重拳嚇到，遍體鱗傷，接著失去方向，但是別讓這種結果打擊士氣，讓你像洩了氣的皮球。

首先，歡迎來到這個俱樂部！什麼樣的俱樂部？裡面充斥著一群自認構想百分之百是「對的它」的人，對此深信不疑，結果他們的希望和期待，被失敗之獸毫不留情地粉碎。

其次，想想如果你不經測試就貿然執行構想，處境會有多糟。忙了好幾個月，也花費鉅資，就是為了開發和行銷產品，結果卻發現你的構想從

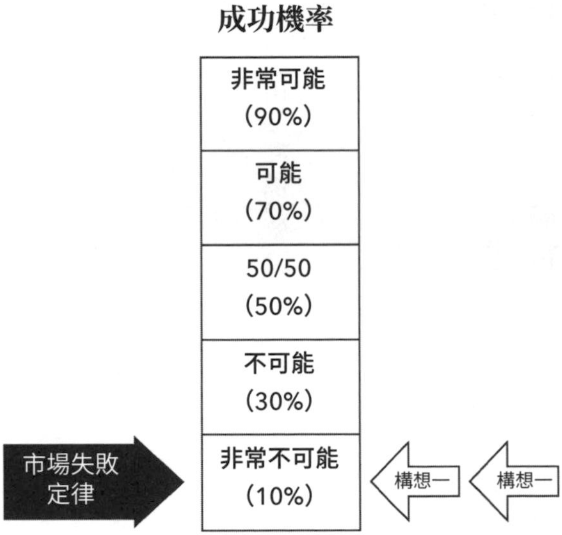

圖一

頭到尾都是「錯的它」——你被一拳擊倒送醫。所幸，我們的思想、前型設計及分析這三大工具，能協助你避免陷入這樣的窘境。長痛不如短痛，不用花費太多的成本，短時間內就知道某個特定構想行不通，才有較多的餘裕與資源去修正你的最初構想，或是另起爐灶，開發新構想，這樣就能多打幾回合。

按照這份「對的它量表」來看，我們應該承認當成寶貝的新產品構想，非常可能在市場上失敗，第一回合對失敗之獸俯首稱臣。如果你對開發的新產品確實滿懷熱情，或許會展現重返場上的決心，對既有的構想多做一些實驗，好確認是不是「對的它」。但較合乎邏輯又省麻煩的方法是重新開始（如果你喜歡用拳擊暗喻，也可以說回到你的角落），利用從實驗中學到的，修改你的構想。

成功機率

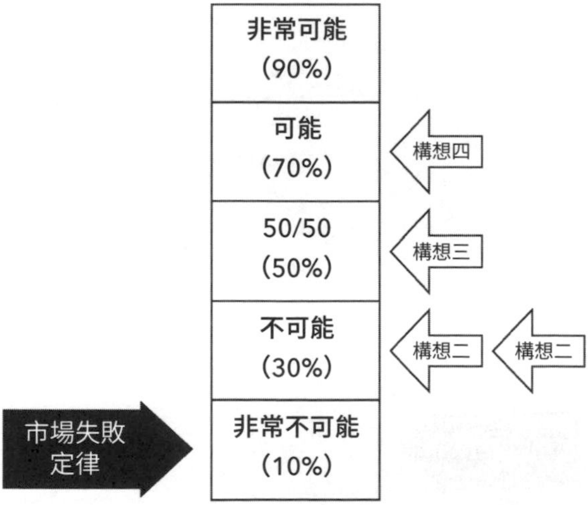

圖二

第二到四回合：想得到多少就要付出多少

我們把最初構想（構想一）做了一些調整，針對微調後的構想（構想二、三和四）一一進行實驗，再將實驗結果標示在對的它量表，「成功機率」如圖二所示。

我們多少還是挨打了，尤其是構想二，不過沒有之前那麼慘。改版後的構想試圖脫離「非常不可能」區域，甚至靠著第四版的構想（構想四）奮力一搏。這是很好的跡象，我們蒐集更多的市場情報，據此調整產品構想，朝著「對的它」領域邁進。

第五回合：我們成功回擊

我們把構想四（被評為可能成功）當成跳板，修改成構想五後，帶著它重返拳擊場上，如圖三。

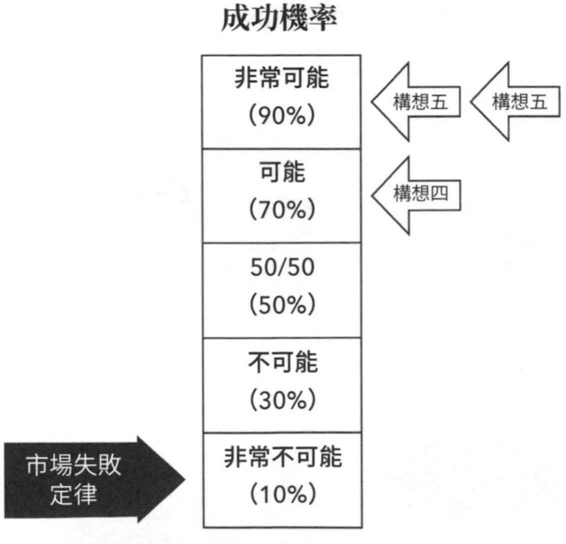

圖三

第五版構想（構想五）經過三次實驗的結果，箭號都指向「可能」或「非常可能」，這太棒了！假定產生這些結果的實驗，設計得宜又執行得當，從每個實驗取得數據都經過公平客觀地詮釋，就強烈證明這個構想是「對的它」。但量表下方那個不祥的黑色箭號還是盡其本分，提醒我們新構想能在市場上成功有多麼稀少。實驗得出三個正面結果，是否足以和市場失敗定律抗衡？

發展特定的構想少不了大量投資與承諾，需要更多信心才能著手進行，因此我們決定為構想五再追加三次實驗。

我們將實驗結果標示在對的它量表，量表旁顯示的是第一組結果（第二組結果以加粗標示），得到的圖如圖四。

好吧！對構想五追加的實驗，更確認第一組

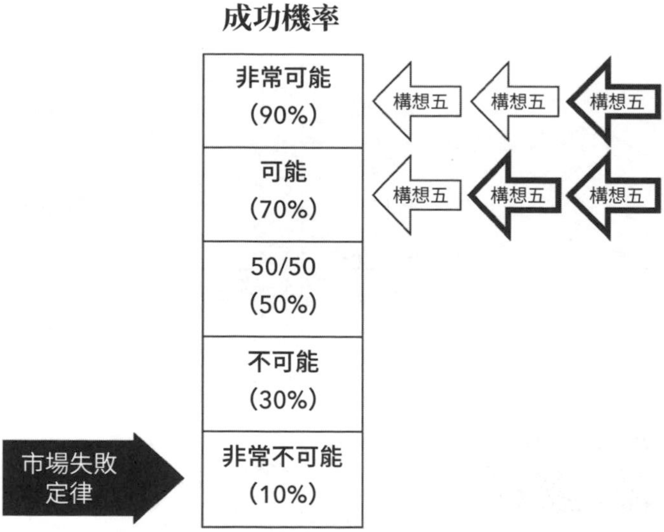

圖四

結果，真是太好了。我們也不能全然忽略那個大大的黑色箭號，市場或許還是會讓我們出乎意料，冷不防揮來一記重拳，但構想五是「對的它」的機率很高。

為了協助你將整個流程視覺化，我們把構想一微調成構想二至五，然後逐一實驗的結果，全部彙整到單一的「對的它量表」，如圖五。

我們針對五大構想（其實是同一構想的不同版本），一共執行十二次前型設計實驗。聽起來工程浩大，做了那麼多的改良與實驗，但是為構想設計前型，耗時不超過兩週，比起大多數團隊撰寫以他人數據為主的商業計畫，花費的時間還要來得少。

我們要為「對的它量表」的討論做總結，容我再次強調，這些箭頭代表真實數據，來自精心

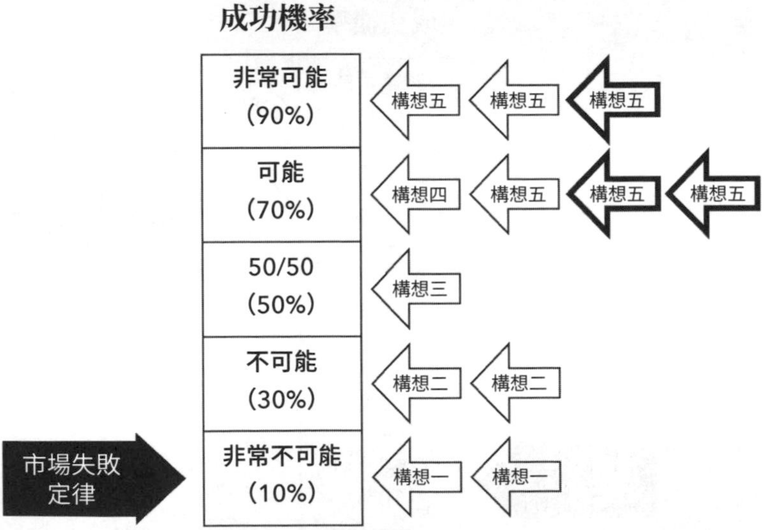

圖五

設計又親自執行的實驗，只有這樣的箭號才會受到認可，空口說白話的意見和他人數據不行（這裡的他人數據是指他人在其他時候，以其他方法做的市調——你知道它的步驟），你的箭頭只能由付出代價的自我數據組成。

第三篇

贏得市場的可塑性戰術

第七章

戰術工具箱

——盡早微調，勝過事後軸轉

在本書第二篇介紹一套工具，協助釐清構想的**思路**，加快蒐集數據**驗證**構想的腳步，並且讓你在**分析和詮釋**蒐集的數據時，更有架構也更客觀。這個工具箱很強大，有多樣工具可供選擇，工具的用法五花八門，組合方式多不勝數。但是該動用哪些工具、如何使用及何時使用，你要怎麼判定？那就是第三篇：贏得市場的可塑性戰術（Plastic Tactics）要談的。

這篇標題用的**可塑性**（plasticity），是指因應新情勢與突如其來的狀況，能夠及時改變調整自己的方案。具備這種能力十分重要，談到讓新產品打進屬意的市場，儘管再怎麼費盡心思、小心翼翼地制定計畫，卻還是很難順利進行。

我們繼續利用第二篇的拳擊類比。說到計畫，我聽過最精采的引述，是源自你想都想不到的拳王麥克．泰森（Mike Tyson）。泰森被要求評論對手的作戰計畫，他回了一句：「在我一拳把他們的嘴打歪前，人人都有自己的一套計畫。」預期到市場會不只一次打歪你的嘴，還不準備修改你的計畫與戰術。

我不能給你一體適用的計畫，也無法一步步教你怎麼做——你只有在買宜家家居家具時才能如願。但是我會和你分享一些個人偏好也最有效的戰術，幫助你善加利用我們的工具，如此一來，你就能躲開市場的重擊，或許還能回擊好幾次。接下來這一章將用最後一個例子，解說我們運用的工具和戰術。

準備好了嗎？讓我們開始吧！

戰術一：放眼全球，在地測試

如果「放眼全球，在地測試」（Think globally, test locally）聽起來很耳熟，是因為它的靈感來自「放眼全球，在地行動」（Think globally, act locally）這句流行標語（還有汽車保險桿貼紙），通常會把它與環保人士和組織聯想在一起。在我們的事例中，目標不在拯救鯨魚或保護臭氧層，而是要節省時間，保護寶貴的資源，為此應該盡早與在地市場搭上線，而不是浪費時間做好高騖遠的空想，倉促制定產品配銷全世界的宏偉計畫。

「放眼全球，在地測試」是指，你可以替自己的產品做全球性布局，只不過在投入時間展開執行這些野心勃勃的海外計畫前，應該先瞄準目標市場的其中一部分，範圍更小又容易接觸，從這裡驗證你的產品構想。將你居住的城鎮、鄰近地區、職場、學校作為初始市場，愈靠近、愈觸手可及的地方愈好。

就從現在開始，花幾分鐘做白日夢，你突發奇想要開設的披薩餐廳，會成為下一個加州創意廚房（California Pizza Kitchen），這家連鎖餐廳在好幾個國家有數百個據點。但是在某個據點經營有成之前，別浪費時間打造征服全球市場計畫。

全球性（globally）和**地方性**（locally）這兩個詞彙讓人聯想到地理，但「在地測試」原則不只適用於物理距離或地理區域，也能應用在任何一個有多重概念性分組或產業標準的市場，不管哪個市場都需要額外投資才能觸及。舉例來說，如果你鎖定的市場是智慧型手機用戶，對他們而言，現實生活都不比使用何種智慧型手機平台〔如蘋果iOS、Google安卓（Android）〕來得重要。許多行動應用程式開發商將前期投資提高一或二倍，虛擲數個月的設計和行銷時間推出全新的應用程式，然後在各大行動平台同時上架，結果聽到Google安卓用戶與蘋果iOS用戶一樣，都對他們的應用程式不感興趣。首先，挑選一個平台驗證你的構想，這個平台無論在技術或概念上和你最契合，接著再著手征服其他平台。

假如你是行動應用程式開發商，Google安卓作業系統讓你最自在，你對這個系統也駕輕就熟，就是你的在地「鄰居」，比起住在隔壁的iOS用戶，你更容易接觸遠在數千英里外的安卓用戶。所以就從安卓系統市場出發，替你開發新應用程式的構想設計前型，接下來進行測試。如果前型設計實驗的結果顯示，針對安卓用戶開發的應用程式可能會成功，你就可以開始考慮開發其他平台版本的應用程式。

在職涯早期，我被取得全球成功的夢想蒙蔽雙眼，一再忽視「在地測試」這個戰術，下場是付出慘痛代價。以我和別人共同創辦的公司為例，我們僱用銷售團隊負責歐洲及亞太市場，卻只有美國市場一再持續地創造銷售佳績，也實現用戶採用目標。為了支援在每個新國家開拓的市場，我們必須針對該國市場量身訂做多個版本的產品並加以測試，使用說明也需要翻譯，一切耗費大量的時間與金錢，大大分散我們的注意力。我不能將公司的最終失敗歸咎到這項決策，但那確實於事無補。

不過如果沒有在地市場讓你測試構想，又該如何是好？舉例來說，假如你住在蒙大拿州，卻想出開發太陽能衝浪板的構想會怎麼樣？如果是那樣的話，建議你搬到南加州或夏威夷找尋新的靈感，或是另闢蹊徑，縮短理想與現實的落差（好比和有現成衝浪手客源的人合夥）。

「在地測試」是我最愛的戰術，因為要盡快讓你和你的構想脫離空想，並與市場接觸，這是最佳方法。靠著這個戰術，我們便能縮小假設範圍，然後向前邁進一步。我們不只是縮小市場的測試範圍，**而是**縮小到測試**在地**市場。

還記得利用重貼標籤這個前型設計技巧，實驗隔夜壽司有無賣點的例子嗎？我們將假設一路縮小到只有數百英尺的範圍內，想出能當下輕鬆執行的前型設計實驗。假設範圍不是大如加州、帕羅奧圖（Palo Alto）、史丹佛大學，而是小到當時有學生聚集的大樓。如此一來，即可提出能立刻輕鬆執行的前型設計實驗。

用數字說話：取得數據的距離

要衡量你採用「放眼全球，在地測試」戰術的成效，可以也應該計算**取得數據的距離**（Distance to Data, DTD）。假如計畫在實體世界（像是商店、街角或社團集會）蒐集資訊，可用你偏好的距離單位測量取得數據的距離，然後試著將它最小化。一開始驗證市場時，盡可能從在地市場著手，可讓你節省寶貴時間和金錢，才有餘裕多做一些實驗或測試更多的構想。你會對這麼多好的自我數據，竟然常常在周遭或鄰近地區即可取得而感到訝異，讓我舉例說明。

琳達催生出一個十九美元的裝置，讓大家到投幣式洗衣店洗衣會更有效率，也較不會破壞心情。她把自己設計的小玩意兒叫做LaundroDone，把LaundroDone和衣服一起丟進洗衣機或烘衣機，當機器完成洗烘程序，停止運轉後，LaundroDone這個裝置就會發送簡訊到你的手機，通知衣服已經處理好了。琳達解釋，多虧LaundroDone，她不必坐在投幣式洗衣店內的塑膠椅上枯等，還能避免被穿著睡衣的羅密歐搭訕，聊到只剩最後一件乾淨內衣的尷尬話題，也不用忍受讓人不快的刺眼螢光燈，以及混雜洗衣精和柔軟精的噁心氣味。拜LaundroDone所賜，琳達能安全舒適地坐在車子裡等待，聽酷玩樂團（Coldplay）的歌曲，直到被提醒衣服處理好為止。

琳達想出一個絕妙方法來測試構想，運用土耳其機器人外加表面這兩種前型，她急於付諸行動，蒐集初始自我數據。她認為最能讓構想大展鴻圖的市場，是大都會區（如紐約或洛杉磯等大城市）的大型投幣式洗衣店，那是她進行測試的理想之地。

但是偏偏琳達住在南加州郊區的小型住宅社區，鎮上只有一家投幣式洗衣店，按照琳達的說法：「那家投幣式洗衣店讓我起雞皮疙瘩，都吸引一些怪咖上門。」即使是這家令人毛骨悚然的投幣式洗衣店，激發琳達發明LaundroDone的念頭，但是她能免則免，不願再踏入半步。琳達寧可開車跋涉一百二十英里（約一百九十三公里）到洛杉磯，在飯店訂房，花費兩天跑了城裡好幾家投幣式洗衣店，對LaundroDone構想進行測試。這個計畫沒有什麼問題，只不過琳達真有必要長途跋涉去蒐集初始自我數據嗎？

應用「在地測試」戰術，靠著度量取得數據的距離之指引，琳達發現離家不到二十英里（約三十二公里）的中型城鎮，有幾家不那麼讓人發毛的投幣式洗衣店。這個城鎮雖然不如她的家鄉在地，但至少隸屬同一郡。在離家較近的地方測試構想，可免去來回兩百英里（約三百二十二公里）的奔波路程，也不必花錢住在飯店，節省的時間和金錢能拿來進行更多測試。這很合情合理，不是嗎？

不過當你的產品構想打算用在網路上，在線上進行買賣會怎麼樣？既然如此，你大可將實體距離單位換成虛擬的，像是電子郵件、網站或網頁。你要計算的是數位步數，而非實際步數，比你想得簡單多了，我再舉另一個例子解說。

幾年前，我想出生產音響音調控制裝置的構想，可以讓錄音品質不佳的音樂聲音更圓潤，不會那麼刺耳。我把目標市場鎖定在音響迷——這個客群追求聲音極致，不惜砸大錢升級音響設備。近來，音響迷大多上網訂購，因為實體音響店和書店一樣，變得愈來愈少。所以我計畫在網路上銷售音響裝置，設計出產品前型後，再進行測試。

我想採用「在地測試」戰術，但網路上的「在地」是指什麼？以我的例子來說，我把線上音響論壇當成虛擬鄰居，定期造訪，積極貼文評論音響產品。我成為論壇的創始會員，與論壇創辦人打好關係，我料想只要好好拜託他，他會讓我寫一篇貼文介紹這個全新音響裝置，看看會不會勾起論壇會員興趣，掏錢購買。

以這個例子來說，我的取得數據的距離要走三個數位步驟：

一、寫一封電子郵件給版主。

二、寫一篇貼文介紹我的產品。

三、架設有登陸頁面的陽春網站，蒐集潛在顧客付出的代價（電子郵件、訂金等）。

既然我已經是論壇的一分子，與版主關係友好，在「線上近鄰」這裡自然吃得開，把我的產品前型安排妥當，然後迅速進行實驗。

你在制定第一個xyz假設時，務必要將「放眼全球，在地測試」謹記在心，別只是著眼於特定市場，仔細看看**當下**所在之處，把現在掛在嘴邊……

戰術二：以後測試不如現在測試

「以後測試不如現在測試」，無須多做解釋，其中透露的訊息再清楚不過了：測試不要拖拖拉拉，讓你的想法和目標脫離空想地帶，盡快進入市場。你已確認市場參與假想，以XYZ假設的格式表達，再縮小為ｘｙｚ假設，進行前型設計實驗後，是時候從抽象思考前進到具體測試。

可是我們大多不情願離開空想地帶這個舒適圈，會待在裡面好幾個月，有時是數年，空想和空談我們的構想，撰寫與修改多年海外業務計畫，即使是一點驗證構想的自我數據都沒有，為什麼還要這麼做？

我曾多次陷入空想地帶無法自拔，因此自認有資格斷言，答案是出於恐懼！更精確的說法是害怕被拒絕，害怕發現沒有一個市場對你心愛的構想有興趣。大多數人不願坦承心懷恐懼，但他們的行為卻洩漏一切。我不是精神分析大師西格蒙德．佛洛伊德（Sigmund Freud），但在空想地帶流連徘徊，對於接觸市場推三阻四，是潛意識想躲避第一次和市場接觸可能帶來的痛苦。

伴隨著被市場拒絕而來的痛苦、羞辱及失望情緒令人畏懼，我常比喻為求愛遭拒。我了解，只要是被拒於千里之外，無論是被發好人卡或其他，都讓人感覺不快，內心萬分煎熬，但懦夫難以贏得美人芳心或市占率。

誰都無法逃脫市場失敗定律，你的構想十之八九會被市場拒絕，讓你很受傷。不過本書介紹的工具與戰術，可以讓這個令人不快又無可避免的過程少一點痛苦，讓你盡早從容接受。所以別再拖拖拉拉了，如果你的構想遲早會被拒絕，與其拖延到以後，不如現在就發現這個事實。

多年來與數百個團隊合作，經手好幾千個新產品構想，我注意到下述模式：

團隊耗費太多時間空想，琢磨空泛的意見和他人數據，花費好幾個月撰寫商業計畫，通常會落得失敗下場。

團隊憑藉著最低限度的規劃與測試，倉促讓產品上市，多半不會成功。

急於**測試**市場的團隊，通常不會失敗。

換句話說，你不需要花太多時間空想，但也不該貿然將成品推向市場；而是要熱切地把自家產品推到市場上，然後藉此**測試**市場。

用數字說話：取得數據的時數

取得數據的時數（Hours to Data, HTD）是衡量你花多少時間執行前型設計實驗，蒐集高品質的自我數據。例如我們一開始進行隔夜壽司的前型設計實驗，只花了兩小時，在這段時間內印製標籤，貼在準備販售的盒裝壽司上（正值接近午餐時間，對這項實驗大有助益）。

在一切條件不變的情況下，取得數據的時數愈短愈好。我指派學生進行前型設計實驗，通常會將取得數據的時數限定在四十八小時內，如果他們證明能在更短時間內取得自我數據，就會給予獎勵積分。我在某堂課上，針對指派前型設計實驗進行說明時，一位女學生揮舞五美元的紙鈔大喊：「三分鐘取得數據！你覺得怎麼樣？」

我還來不及回答，她搶先解釋：「我們團隊的構想是，提供單車清洗與保養服務。花費五美元，我們會把你的單車洗得乾乾淨淨；花費十美元，我們還會檢查車子剎車和變速把手，替車鏈上潤滑油，幫輪胎打氣。」其他學生低聲贊同，她接著說：「好，我就發送電子郵件訊息給全班同學，說明這項服務……」

就在這時候，坐在她後方的學生起身說：「我看到訊息了，現在就給她五美元。我想要排第一個，因為下雨，我的單車又髒又滿是泥濘。」

我忍不住笑了，開始拍手叫好，其他學生也立刻附和。那不過是一個資料點，但是這名學生清楚了解取得數據的時數之精神與基本原則。

你應該想像得到，女學生來勢洶洶地提出〇．〇五小時取得數據（三分鐘就等於〇．〇五小時），無異於重新調整班上所有人（包括我在內）的期待，還設立新標準，競爭戲碼正在上演。

附註：起初我把這個測量工具命名為「取得數據的時間」（Time to Data），但最後改為「取得數據的時數」，為的是重新調整期待，增加急迫感。成效好得不可思議，無論是我授課的班級或企業客戶專案，每個團隊取得初始自我數據的時間，從幾天縮短為幾小時。

順帶一提，測量工具的名稱一改，印證心理學家所說的**促發**（priming）或**定錨**（anchoring）效應。我用小時作為測量基本單位，是為了促發大家從時數而非天數或週數的角度來思考，他們也確實這麼做了。

戰術三：思考如何便宜再便宜

如果按照本書教授的技巧，你便能蒐集到優質的自我數據，不但比其他市調方法的速度更快，成本也更便宜，或許便宜十倍、一百倍，甚至一千倍。我曾合作的企業要進行市調，大多有分配數個月與數十萬美元預算的習慣，所以在提出前型設計預算「只要」數萬美元時，激動之情溢於言表，但是我就淡定多了。我告訴他們，預算從數十萬美元降到數萬美元是很好的進展，不過或許只要花幾千美元，甚至幾百美元，也能得到相同的自我數據。

大部分開發新產品的構想，花費少少的錢就能測試到好，有些甚至不花一毛錢。我最喜歡的例子是，前型設計預算中最貴的項目是「團隊在午餐時間吃的披薩」。

我要督促你，為構想想出前型設計實驗時，千萬別做一、兩次就下定論。問問自己：「我們盡力而為了嗎？」你應該多提出成本更低廉的方法來測試構想，而且不至於犧牲自我數據的品質，然後試著好還要更好。這個「思考如何便宜再便宜」的戰術，是受到以下故事所啟發。

美國前國務卿亨利．季辛吉（Henry Kissinger）是要求嚴格的上司，他在理查．尼克森（Richard Nixon）政府擔任國家安全顧問時，要一名幕僚撰寫立場報告書。該名幕僚為了這份文件忙碌好幾天，自認滿意後呈交給上司，季辛吉向他道謝後表示，等到晚上會看。

隔天，季辛吉把幕僚找來，交還報告書，並問道：「這是你**最好的**報告嗎？」

該名幕僚既驚訝又有點尷尬，然後回應還能做得更好。他取消其他的計畫，花費好幾天專心重寫報告。

季辛吉對這份修改後報告的反應還是一樣，問道：「**這**是你最好的報告嗎？」

該名幕僚目瞪口呆，覺得受到羞辱，但還是要求再給他一次機會，發誓這一次會做得更好。數日後，他把第三版的報告書交給上司。

幕僚離開前，季辛吉問道：「這**真的**是你最好的報告嗎？」

幕僚斬釘截鐵地回答：「是的，長官，這確實是我最好的報告。」

季辛吉回應：「很好，我現在就看。」

因為我不在場，無從保證這個故事的真實性和準確性，但是我要給季辛吉的做法按讚，因為我們的第一個解決辦法大多不是最好，效果與效能也不是頂尖的。

草創時期的Google羽翼未豐，公司資源有限，很多提高預算的要求，常因「創造力熱愛資源受限。」（Creativity loves constraints.）這句話而遭拒。你知道嗎？大多數時候人們都能找到出路，讓手上的預算發揮效用。

只要絞盡腦汁，發揮創意，經常會發現有比原先更便宜的方法，可用來測試你的構想。如果你起初提撥一千美元預算給前型設計實驗，不妨自我挑戰，看看能否設法減少到一百美元。倘若你順利達成，看看能否進一步降低到十美元，能不花一毛錢更好。

用數字說話：取得數據的花費

取得數據的花費（Dollars to Data, $TD）不需要多做解釋，你可以隨意拿適當的貨幣取代美元執行這項專案：加幣、歐元、人民幣、比特幣、甜甜圈……。等一下，甜甜圈？沒錯，就是甜甜圈。衡量工具未必要以傳統貨幣為基礎，如果你的專案有自告奮勇者幫忙，請他們吃甜甜圈早餐作為報答，使用甜甜圈變數據（Donuts to Data）這個衡量工具是適當的。

戰術四：放棄前先微調翻轉

不要因為一開始幾次實驗得出的自我數據令人失望而太早氣餒，只要經過幾次微調就能看到「對的它」，前型設計能協助你找出哪些地方該微調，讓我解釋給你聽。

大部分的新產品構想，都是基於中規中矩的前提，就連聽起來瘋狂至極的想法都不例外，發想這些構想的人也少有是瘋子（雖然我曾遇過幾個稱得上瘋狂的傢伙）。他們通常對產業有相當程度的了解，相信自己的構想能為真正的客戶解決真正的問題，深信市場確實潛藏著可以善加利用的商機，而他們的看法多半正確。問題是他們最初構想掌握的市場機會，最可能的結果是接近成功，但最後功虧一簣。這是什麼意思？讓我逐一闡明。

我們用灰色部分代表「對的它」區域，可望在市場一戰成名；黑色部分則代表「錯的它」區域。市場機會就在那裡，這是千真萬確的，但是並非所有瞄準機會的產品都能成功。你想出的產品或許太貴、太大、太複雜、顏色不對、名字取錯等。市場是非常挑剔的，很難討好取悅，即便從很多其他方面來看，你的產品能有效處理問題，也抓住市場機會，但要是想不出討它歡心的產品組合（也就是「對的它」），市場就會毫不留情地否決你的構想。若是你對解決特定市場問題或抓住市場機會，滿懷興趣和熱情，也抱著使命必達的決心，就堅持下去，不過必須微調你的最初構想，實驗要富有變化。

假定你的最初構想（請見左圖中的它$_1$），已做過好幾次前型設計實驗，數據明確告訴你，你的構想就如同目前狀態所示，是「錯的它」。

你覺得失望是可以理解的，不過在測試構想的過程中，也會發現一些關於目標市場的有趣事實。也許你會就此知道，原來那些自以為關鍵的憑藉空想假設，根本大錯特錯（如大多數人認為八美元的盒裝壽司不算貴）；或是觀察到選購盒裝壽司的人，有八〇％會仔細檢查標籤，查看上面的「包裝時間」戳記，如果顯示這盒壽司已經放置一天以上，就會放回架上。每項實驗都能讓你獲得寶貴的自我數據，可用來告知並指引你的下一步。

即使打對折販售隔夜壽司這個最初構想證明是「錯的它」，在隔夜壽司發源的空想地帶附近某處，一定存在證明平價盒裝壽司是「對的它」的構想與商業模式。

測試看看每週訂閱服務，將名稱和口號改成「給你的壽司：方便平價的壽司訂閱服務」，藉以暗示服務的便利性，別讓人聯想到不新鮮。

如果市場對於這個特別的調整無動於衷，就再多探索幾個微調的可能性，然後設計前型（如「追星族壽司：團購享優惠」），直到你發現「對的它」組合為止。

不過倘若即使進行一連串調整，仍然找不到「對的它」又該怎麼辦？

到了那時，你應該考慮到有這種可能性，就如下圖所示，平價壽司不是「對的它」。這個構想嘗試各種變化，仍無法躲開失敗的命運，原因出在太多人把便宜壽司與壽司變質聯想在一起，壽司壞掉會產生各種令人倒胃口的後果。

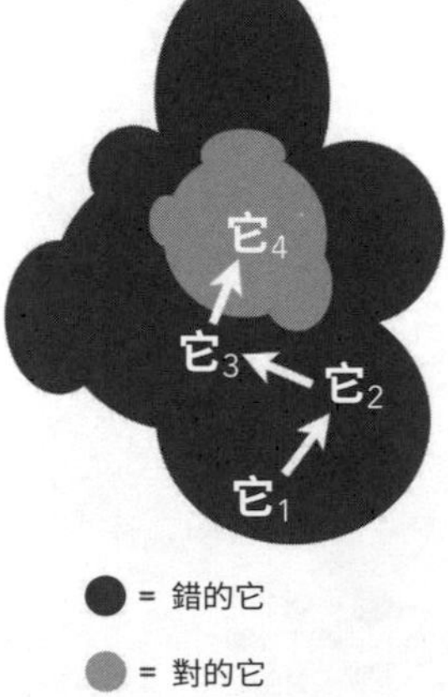

現在要如何是好？如果不管三七二十一，你非要做盒裝壽司的生意不可，就加大創造力的火力，針對盒裝壽司主題再研究如何做變化。

我自視為創意專家、腦力激盪大師，直到遇見史丹佛大學教授婷娜．希莉格（Tina

Seelig）[12]，才明白她是這方面的真正高手。二〇一六年，我很榮幸與希莉格聯手，在研究所開設一門「創意和創新」（Creativity and Innovation）課程，目的是教導學生結合創意技巧與前型設計技巧，發展出創新的問題解決方案（創意技巧是協助你發想很多構想；前型設計技巧則是用來測試並驗證最初發想的構想，並篩選出其中成功機率最高的）。我專門教授前型設計技巧，希莉格則負責傳授創意技巧，當她講課時，我也在學生中全神貫注地聽講，猛做筆記。

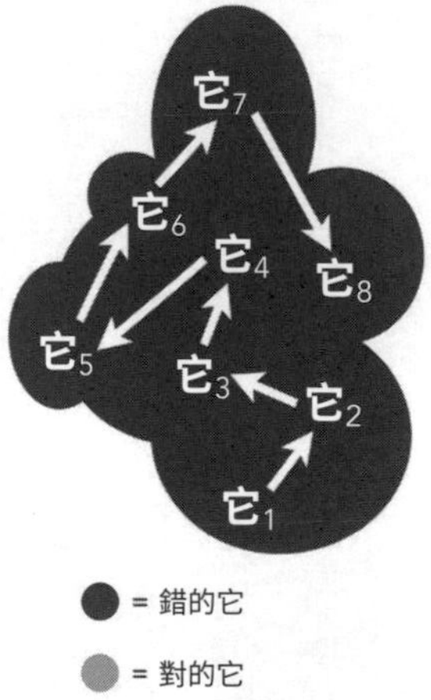

在一次課堂練習中，學生被指派一項挑戰（像是阻止大家開車時發送簡訊），必須想出至少一百個創新構想來協助解決這個問題。正如諾貝爾化學獎與和平獎得主萊納斯·鮑林（Linus Pauling）的名言：「想要有絕妙想法的最好方法，就是先有很多想法。」提出那麼多的想法，總有一個能解決問題，聽起來很簡單，但是如果你不懂正確的技巧，實際上沒有那麼容易。在這一次

12 我強力推薦希莉格的著作《學創意，現在就該懂的事》（*inGenius: A Crash Course on Creativity*）（齊若蘭譯，遠流，二〇一二年八月），如果不能親自上她的課，這是退而求其次的選擇。

的練習裡，大多數人想出的構想有四、五十個都無法過關，結論是它們的創意性不足。

希莉格極不認同這樣的結論，她認為創意是一項技能，我們都可以藉由後天學習。希莉格傳授的技巧，有辦法讓「一百個構想」的練習簡單一百倍，藉此證明她的論點。這一班有一堂最令人難忘也最有效的課，就是以關於太陽馬戲團（Cirque du Soleil）的哈佛個案研究為例。學生對特定構想有先入為主的觀念和假想，希莉格向他們展示如何將這些成見翻轉到另一面，舊有的構想可望因為這個變化而有成功機會。希莉格在部落格平台Medium.com貼文，詳述整個練習過程如下：

> 我最愛做的課堂練習之一，需要你放下所有先入為主的假設，將它們翻轉到另一面。我在自己的創意課上，借用太陽馬戲團的哈佛個案研究，讓學生質疑假設，藉機磨練他們的創意技巧。背景是在一九八〇年代，當時馬戲團產業陷入困境，表演節目驚喜不再，了無新意，觀眾人數一再減少，對待動物的方式也備受抨擊，無論怎麼看都不是成立新馬戲團的好時機，但是加拿大街頭表演者蓋伊．拉里貝代（Guy Laliberté），挑戰所有關於馬戲團前途的假設，還真的選在這時候創辦馬戲團。
>
> 在我播放一九三九年由喜劇團體馬克斯三兄弟（Marx Brothers）主演，電影《馬戲團的一天》

（*At the Circus*）的其中一個片段後，要學生列舉所有對傳統馬戲團的假想：大帳蓬、動物、廉價門票、叫賣紀念品的小販、同時表演好幾個動作、小丑、爆米花、大力士、火圈等。

接著我要求他們翻轉這些事物，一一想像它們的相反面。

舉例來說，新的清單包括小帳蓬、沒有動物、高價座位、沒有叫賣的小販、一次表演一個動作，也沒有小丑或爆米花。然後他們挑選出想保留的傳統馬戲團元素，以及有意變革的事物，結果催生出全新型態的馬戲團——太陽馬戲團。我們都知道太陽馬戲團的生意蒸蒸日上，而傳統馬戲團基本上早已沒落凋零。

以馬戲團產業做練習後，應用到其他是時候改變的產業與機構就輕而易舉，包括速食餐廳、飯店、航空公司、教育機構，甚至是婚禮產業。當你抓到竅門，事情就好辦多了，可利用粗略計算練習，全面重新評估你的人生和職涯。關鍵是花時間清楚確認各項假設，而那一向是最困難的部分，因為這些假設通常融入我們的世界觀，想看清楚並不容易。然而只要做一點小小練習，就有助於用新角度檢視自己的選擇[13]。

我們把這個創意技巧應用到盒裝壽司，既然已經探究隔夜壽司走低價路線的可能性，姑且抱

13 Tina Seelig, "What Does Your Life Look Like Upside Down?" Medium, August 3, 2017, https://tseelig.medium.com/what-does-your-life-look-like-upside-down-66a5048df461.

著好玩的心態，走另一條路試試。我們徹底翻轉生魚片壽司的構想，改走高檔路線：「頂級壽司：這是你能買到最新鮮、最優質的盒裝壽司。」誰知道呢？我們或許因此學到一點，便宜卻不新鮮的盒裝壽司沒有什麼市場，採取頂級包裝的超新鮮壽司才是王道。大家對於盒裝壽司通常會有哪些假想、會與什麼聯想在一起，我們要做的是將這些通通列舉出來，之後提出適合頂級壽司構想的替代方案，如表格所示。

真美味，光想就覺得飢腸轆轆。我必須承認自己熱愛頂級壽司遠勝於隔夜壽司，甚至可以想像寧可多花幾塊錢買更新鮮的魚，以及貨真價實的山葵（不是那種軟管裝、用人工色素染成綠色的山葵），精美竹盒還可以留做其他用途，內附的頂級醬油用可愛的小玻璃瓶盛裝，而不是塑膠袋裝的醬油包。不過那都只是我的空想，無論包裝多精美，有多少人會真的花費近二十美元購買一盒盒裝壽司？事到如今，我確定你已知道該怎麼做來回答這個問題。

順帶一提，你未必要等到測試結果證實新產品構想是「錯的

盒裝壽司	頂級壽司
價格為 7 至 10 美元	價格為 14 至 20 美元
放了 3 天	保證新鮮
廉價塑膠盒	精美竹盒
假山葵	真山葵
便宜醬油包	可愛小玻璃瓶裝的頂級醬油

它」，才開始動手微調並探索其他構想的可能性。我們的工具和技巧能讓你迅速有效地測試任何構想，這意味你可以針對好幾種不同的構想（或是從基本思路變化出來的不同版本）進行測試，篩選出成功機率高的構想傾力發展。你沒有必要提出一百種版本的構想（不過有何不可？），但至少要想幾個備案，畢竟最初構想恐怕不是最好的。

微調勝過軸轉

大多數人都明白，最初發想構想是「對的它」的機率微乎其微。他們很清楚，從空想地帶出爐的構想很少是完全的，沒有那麼容易成功，想當然耳必須做一些調整。可惜他們只是在腦海裡改變作戰計畫，靠的還是空泛意見和他人數據的指引，而非自我數據，也難怪大部分新產品上市後都落得慘敗收場。

想挖掘市場**真正**要的，然後據此進行戰略修正，唯一的方法就是**實實在在**與市場接觸。別只是**詢問**市場**認為**想要什麼，替你的產品構想設計前型後上市，**要求**消費者付出代價，作為他們感興趣的證明。你的動作愈快，成效會愈好，因為等待的時間愈長，得到的教訓就會愈痛也愈昂貴，最終你會發現自己大受打擊，沮喪萬分，沒有剩下什麼資源能嘗試其他改變。

近來，**軸轉**（Pivot）一詞經常被創業家、產品經理、創投資本家掛在嘴邊。依照一般的理解，軸轉是指新產品或新業務的基本概念或市場假設有了**重大**轉變。最初構想證實是「錯的它」，令你錯愕，不得不進行軸轉。大多數軸轉遭遇的問題是，它與微調不同，都是在團隊已經投入可觀的時間、金錢開發最初構想**後**發生。我在職涯早期曾參與幾次軸轉，但當時並非使用這個詞彙，而是說「我們搞砸了！」（We screwed up!）當**軸轉**一詞進入產品會議的對話時，無可避免會伴隨著最刺激的香氛：**絕望香水**（eau de desperation）。那時候，團隊通常浪擲大部分資源在「錯的它」，以至於沒有什麼選擇餘地，其實可以避免事情走到這個地步。

如果你盡早替自己的構想設計前型，期間做了變化調整，即可避免讓精神痛苦地軸轉，大幅提高最後找到「對的它」的可能性。進行十次小小的微調，勝過一次痛苦的軸轉。

第八章

完整案例呈現

——BusU如何讓巴士成為客製化教室

現在準備要看的是，學到各式各樣找「對的它」的工具與戰術後，如何將它們組合在一起。我挑選一個開發新事業的構想進行演練，歷經從空想、蒐集數據到決策的完整過程。不僅向你展示採取的步驟，也會隨著計畫展開，讓你洞悉我的思想過程。切記，應用這些技巧的方法多得是，這只是其中之一，沒有哪一個是最佳之道。如果你自認做事能靈活變通，甚至更高竿，那就太好了，代表我教導有方。

用來當作範例的新事業構想，是我在通勤路途中腦海靈光一閃的念頭。我每天一早從矽谷家中開車上一〇一號公路，趕往位於舊金山市區的公司開會。幾年前，這段通勤路程開車只要四十五分鐘；到了今天，整個灣區企業匯聚、高樓林立，不到四十英里(約六十四公里)的路程要耗費兩小時，數千人每天來回通勤花上三到四小時，多麼浪費時間，又是多麼好的機會！

那天早晨，我盯著車陣中的紅色煞車燈，想出BusU的構想：讓通勤巴士化為教室，把通勤時間變成學習時間。我龜速朝著目的地前進，甚至有時間想出這樣的口號：「在巴士中上課。」

我當然不認為自己是想出這個主意的第一人，早就有其他人想到這樣的生意，甚至試著發展，而我們能從他們的嘗試中學到一點皮毛。不過事到如今，你應該知道我對其他人測試類似構想的成敗會有什麼感受。我們或許可以把他人數據納入考量，但還是要進行自己的實驗，蒐集自我數據，千萬不能用他人數據取代。

以下大綱逐條列出蒐集自我數據採取的步驟，藉此引領我們做出決定。如你所見，三組工具全部派上用場（思考工具、前型設計工具、分析工具）：

- 描述最初的BusU構想。
- 確認BusU的市場參與假想。
- 用XYZ假設的格式，寫下BusU的市場參與假想。
- 將假設範圍縮小成能馬上測試的xyz假設。
- 確認一組前型設計實驗，提供我們驗證假設。
- 根據取得數據的距離、取得數據的時數、取得數據的花費等，進行戰術上的考量，判定實驗的優先順序。

- 執行第一組實驗。
- 對實驗得到的自我數據做客觀分析，據此決定下一步。

別忘了，這只是我們粗略、初始的計畫。所有這類計畫都一樣，我們的構想一旦與市場接觸，蒐集初始數據後，改弦易轍的機率很高。計畫起步後，或許會發現我們不是往後退，就是大躍進。舉例來說，我們執行第一個前型設計實驗裡，可能會碰上意想不到的障礙或機會，大幅影響我們的市場參與假想（如加州通過法案，規定在巴士上經營事業違法）。還有一件事也經常發生，最初構想在發想的過程中會突然轉向，很可能變得更好、更大。準備好大吃一驚、大開眼界，該修改或全盤推翻你的計畫與假設時，不要躊躇不前。你正在踏入未知的領域，應該懂得變通，學習適應，這也是第三篇稱為「**可塑性**戰術」的原因。

不過我們的戰術會改變，指導原則並不會變，我們要利用這些工具清晰思考、通盤測試，並且客觀分析。

清楚思考我們的構想

最初構想

以下是我塞在車陣時，發想出BusU這個最初構想：

BusU與地方大學合作，在每天接送專業人士通勤上班的途中，提供官方認可的大學課程，由評鑑最受歡迎的教授親自授課。巴士成為客製化教室，可容納三十到五十位學生。BusU服務一開始往返舊金山和矽谷之間，每趟通勤時間剛好可以上一堂五十分鐘的課程。

為了讓數字發揮作用，我們把BusU想像成高階主管與專業人士訓練所，然後按照授課時間訂價，我們希望為期十週的課程收費三千美元。費用看起來很高，但大部分高科技公司提供員工在職教育和訓練補助，我們看好公司至少會支付部分學費。

這樣描述我們對BusU的看法，堪稱高水準。我們還設法添加一些有趣的細節，也包含若干數據，這都便於寫下XYZ假設和xyz假設。但是在此之前，必須先採取下一個關鍵步驟：確認市場參與假想。

市場參與假想

誠如第一篇所見，事業要永續成功，需要諸多因素和假設配合得天衣無縫。BusU要成功，就必須找到官方認可的大學，以及有口皆碑的大學教授願意與我們合作，而且勢必得在不違反交通安全規範下，將巴士改裝成教室用途等。但是在這種情況下，我們要測試和驗證的最重要假設，無非是市場有無興趣，其實大部分的案例都是如此。切記，「有市場，有門路。」只要市場有足夠興趣，我們會設法找到學校合作，招募教授，也會配合交通規範。

既然BusU的目標顧客是必須長途通勤的商務專業人士，我們的市場參與假想就應該以這個族群為依據。是否有足夠的專業人士，願意支付私立大學等級的學費在巴士裡上課？

這是我們第一個要通過的市場參與假想關卡：

> 許多需要長途通勤的專業人士，願意支付大學等級的學費，搭乘在車上開課的巴士。

這是一個開端，但是描述得曖昧不明、模糊不清，實用性不大。「許多專業人士」是什麼？「長途通勤」有多長？「大學等級的學費」是多少？我們必須**用數字說話**，表達的方式要禁得起實驗和觀察考驗。

XYZ假設

將憑藉空想而來的觀點（已包含若干數字），和我們的市場參與假想結合在一起，如此便能以XYZ假設的格式——至少X%的Y會Z，來表達市場參與假想：

> 每天要花費一小時以上通勤的在職專業人士，至少有二%願意支付三千美元，在BusU上為期十週的認證課程，每年至少一次。

很好！我們把模糊不清的部分削減一大半，讓含蓄的假設有更清晰的輪廓，對一些數字的推測有憑有據，可以運用在自己的實驗中。

如果我們的目標市場至少有二%被吸引過來，每年花費三千美元上一次BusU提供的課程，會為我們奠定很好的基礎，讓BusU成為可行又有價值的事業。那是一個野心勃勃的**假設**，聽起來大有可為、合情合理且煞有其事。不過別忘了，我們還是在空想地帶，而且就我們所知，正要落入錯誤肯定的陷阱。我們的構想是時候打包行囊，與空想地帶說再見，準備在現實世界接受考驗，縮小假設了。

從XYZ假設到xyz假設

下一步就是將XYZ假設轉換成三個xyz假設，方便我們藉由設計前型迅速測試。就地取材地利用手邊或附近的資源來做實驗，即可達到投入的時間、金錢降至最低限度的目的，是時候採取「放眼全球，在地測試」的行動。

我從檢視現況及既有資源著手，看看有什麼可以派上用場：

我住在加州山景城，網路搜尋龍頭Google、職業社群網站LinkedIn的總部都在這裡。兩家公司僱用數千位專業人士，提供教育津貼與助學金。

很多Google和LinkedIn員工家住舊金山，通勤到山景城工作，平常不是自己開車，就是搭乘公司的接駁巴士上下班。

我有不少朋友在Google上班，也有幾位是LinkedIn的員工。

我和幾位頂尖的史丹佛大學教授交情匪淺。

結論：我有豐富的資源可供進行首批實驗。Google與LinkedIn的員工以工程師居多，大多數的工程師都很好學，是我們初次測試BusU目標市場時主要鎖定的對象。不過，我應該以Google還是LinkedIn（或兩者）為測試目標？我能利用取得數據的距離這項指標協助做出決定。

從地理上來說，Google與LinkedIn的辦公室距離我家不到十英里（約十六公里），兩家公司相距兩英里（約三．二公里）內，如此看來不分軒輊。但是既然我認識的Google員工比LinkedIn員工還多，以取得數據的距離來衡量，也就是為了觸及對的人所寄發電子郵件的數量，Google工程師顯然勝出，是較好的選擇。接下來的實驗裡，我可以省去和LinkedIn員工的接觸，只要確認從Google員工身上得來的數據。所以我縮小目標市場的起手式（也就是假設xyz中的y），鎖定家住舊金山，在山景城總部工作的Google工程師。

太好了！既然有一個觸手可及的目標市場，我們便能利用它來縮小假設範圍。這裡有三種xyz假設，我們能利用Google員工進行測試：

xyz一：從舊金山通勤到山景城上班的Google工程師，聽到BusU服務後，至少有四〇%會造訪BusU4Google.com這個網站，留下他們在Google官網的電子郵件地址，BusU一有新課程就會收到通知。

xyz二：從舊金山通勤到山景城上班的Google工程師，至少有二〇%會參加一小時的午餐講座，對BusU有更深入的了解。

xyz三：從舊金山通勤到山景城上班的Google工程師，至少有一〇%願意支付三百美元，上巴士開設的「人工智慧入門」（Introduction to Artificial Intelligence）課程，由史丹佛大學人工智慧教授授課一週。

在更進一步之前，容我先解開你可能會有的疑問，是關於我挑選置入xyz假設裡x的數值。XYZ假設裡的X，我用的是二%，縮小成xyz假設後，為什麼其中的x是以四〇%、二〇%及一〇%代換？

我之所以這麼做，是考量到大家常說的**轉換漏斗**（Conversion Funnel）。並非每個走入店內、參加免費研討會或上電子商務網站的人，都會變成付費顧客；恰好相反，數據顯示，無論是報名參加免費試用或研討會，還是造訪電子商務網站的人，轉換成付費顧客的只占一小部分。

邀請大家來認識你的新產品，如果每一百名受邀者中有五人接受邀請，還依照你所說的做

（像是親臨門市或造訪你的網站，查詢更多資訊），你就很算幸運了。而這五人中，或許只有一、二位會花錢購買你的產品，其餘則給予形式上的承諾，也可能全部的人都沒有購買的意思。

三種xyz假設中x的數值不同還有一個原因，就是每種假設涉及付出的代價高低各異：

xyz一：提供有效電子郵件地址，代價評分給一分

xyz二：花一小時參加午餐講座，代價評分給六十分

xyz三：承諾支付三百美元上為期一週的課程，代價評分給九百分（其中三百分是衝著繳交三百美元學費而來，另外六百分則是因為對方在巴士**至少**上了十小時的課）

付出的代價愈高，你必須預期到報名參加的人數就會愈少。別忘了，這些數據目前都還只是有所本的猜測，只是一個起點。實驗會告訴我們，這些數據是否為大略預估的數值；如果不是，就要修改工作假設（Working Hypothesis），然後計畫接下來該怎麼做。即便經過這番解釋，你可能對這些假設的精確度或有效性還是不滿意，甚至想到比列舉出來的這些還要更好的假設，也許你認為我們的數據不切實際或是錯得離譜。

好極了！那就是整個努力過程的重點所在，將打高空的構想變成詳細的XYZ與xyz假

設。這就是我們要**用數字說話**的原因，那些初始數字目前只是**猜估**〔guesstimate，猜測（guess）和估計（estimate）的組合字〕，是用來激發討論，讓歧見與異議浮上檯面，因此才能加以解決。如果實際情形是這樣，身為團隊的一分子探索BusU這個構想的可行性，我們會花數小時討論數個可能的xyz假設，然後聚集成少數幾個。經過幾次實驗與深入思量後，我們可能會再次修正假設，或是提出全新的假設。整個流程就是這麼運作，也應該這麼運作。

這些xyz假設或許不是最好的，取得的初始數字也不對，你該換個方式好好處理，了解這幾點後，就繼續往下進行。

是時候開始測試了！

我們有三種xyz假設可供選擇，必須從中挑一個，為初次測試設計前型。無論哪一個假設都提供寶貴的數據，但是應該先從哪一個下手？

選出第一個前型

我們已經應用「在地測試」這個戰術，接著看看「以後測試不如現在測試」和「思考如何便宜再便宜」這兩種戰術，怎麼協助我們決定從何開始。為了達到這個目的，我們將從取得數據的時數和取得數據的花費角度，一一鑑定xyz假設後評分。讓我們開始吧！

xyz一：從舊金山通勤到山景城上班的Google工程師，聽到BusU服務後，至少有四〇%會造訪BusU4Google.com這個網站，留下他們在Google官網的電子郵件地址，BusU一有新課程就會收到通知。

測試xyz一，我們要做的是接觸至少一百名Google工程師，開發一個簡單的網站。我們估計最多需要兩天，只花費一些錢，xyz一所需的時間和花費估計如下：

取得數據的時數：約四十八小時
取得數據的花費：不到一百美元

那相當不錯。

讓我們來看看xyz二如何進展：

xyz二：從舊金山通勤到山景城上班的Google工程師，至少有二〇%會參加一小時的午餐講座，對BusU有更深入的了解。

測試xyz二，我們仍需接觸一百名Google工程師，但是至少需要幾小時開午餐講座，還要兩週的時間把它排進Google行事曆，再發出通知等。這個實驗需要對方付出更多的代價，不過必須耗費的時間與精力比xyz一來得多，xyz二所需的時間和花費估計如下：

取得數據的時數：至少三百三十六小時[14]（兩週）

取得數據的花費：不到一百美元

還不賴，但是「以後測試不如現在測試」，xyz一讓我們取得自我數據的速度比xyz二來得快。由此看來，第一個前型設計實驗仍是我們的首選。

14 用三百三十六小時表達看起來很笨拙，不是嗎？沒錯！但是就應該這麼做。在這個階段，我要你們從時數而不是週數的角度思考。

xyz三又是如何？

xyz三：從舊金山通勤到山景城上班的Google工程師，至少有一〇%願意支付三百美元，上巴士開設的「人工智慧入門」課程，由史丹佛大學人工智慧教授授課一週。

這要耗費的時間與精力更勝xyz二，我們必須排列出願意授課的教授陣容（可能還要支付酬勞）、租一輛巴士等。xyz三所需的時間和花費估計如下：

取得數據的時數：至少六百七十二小時（四週）

取得數據的花費：超過五千美元

與大多數市調預算相比，這稱得上又快、又便宜；但對我們來說，在這個階段設計前型還是花費太多時間和金錢。切記，「以後測試不如現在測試」與「思考如何便宜再便宜」。由此可證，xyz一是我們取得自我數據最快、最便宜的途徑。

應用這些戰術與相關的衡量指標，找出只需花兩天時間和少少的錢，就能讓我們初嘗數據滋味的假設（xyz一）。一旦啟動實驗驗證xyz一，取得的自我數據告訴我們，投入多一點時間和金錢測試xyz二有其正當性。如果xyz二經過驗證後，就有投入更多時間和金錢測試xyz三的正當理由。但是不要好高騖遠，我們有很好的開始，接著設計前型。

執行第一個前型設計實驗

以下是我們要測試的第一個假設：

xyz一：從舊金山通勤到山景城上班的Google工程師，聽到BusU服務後，至少有四〇%會造訪BusU4Google.com這個網站，留下他們在Google官網的電子郵件地址，BusU一有新課程就會收到通知。

下一個要自問的問題是：什麼是接觸y的最好方法？y是指目標市場，也就是從舊金山通勤到山景城上班的Google工程師。

基於對Google的了解，我假設這家公司有內部網站或郵寄名單，上面都是想和其他同事共乘，或是搭Google巴士通勤的Google員工。我詢問還在Google上班的一位朋友，看看是否真有其事，他回報給我一份清單，詳列好幾個類似的資源，包括一份名為MTVCarPoolers的非官方郵寄名單（由員工管理），擁有超過一千六百名成員，太好了！

我經人引薦認識MTVCarPoolers的管理者貝絲，並約好見面，我和她分享BusU這個構想。貝絲很喜愛通勤兼上課的概念，同意協助測試。她證實MTVCarPoolers上的成員（準確來說有八百二十位）中，有一半以上都是從舊金山通勤到Google位於山景城的總部園區上班。真是太好了，我有那麼多的潛在顧客，可以分成每一百人一組，進行至少八種不同的測試。（既然要將潛在顧客分組，各自代表我假設的目標市場，為了讓結果具有統計意義，一百人的樣本大小最合適。）

既然我有輕鬆（又免費）的管道觸及目標市場，我們需要打造前型網站來建立網路據點，提供蒐集初始自我數據。我買下一個合適的網域名稱，利用眾多可拖曳網站開發服務（如Squarespace、Weebly、Wix）的其中之一，成立三頁網站介紹說明BusU概念。總投資金額是二十美元，外加我花費兩小時的時間——輕鬆、快速又便宜。

該網站敘述BusU服務如何運作，還列出即將開設的課程，並放上授課教授的簡介。訪客如果想得知更多的資訊，被要求填寫以下的表單（他們要付出的代價）：

姓名：

電子郵件：

在Google的職稱：

你有興趣的課程和主題：

評語或問題：

我向貝絲展示這個前型網站和表格，她要求我修改，希望我們坦白告知這項服務尚未推出，但是目前正在探究可行性，如果能引起足夠的興趣，服務問世指日可待。貝絲了解以測試構想為第一要務的重要性，不過她希望盡可能直截了當且合乎道德。沒問題，其實我也很感謝她的提議。我依照她的話進行修改，接著合力撰寫電子郵件訊息，寄給從舊金山到山景城通勤上班名單裡的一百位Google員工。

隔天早上，貝絲發送電子郵件，不到四小時就有八十八人造訪該網站，其中有六十二人填寫表單。真是太好了，我原本估計只有四〇%的人會填寫電子郵件表單，現在居然有六二%。

不過我仔細觀看這份數據，注意到提交表單的每個人幾乎都詢問服務是不是免費的；如果不是，他們想知道收費多少，Google會不會幫忙出錢。唉呀！Google員工已經習慣免費餐點、免費按摩，還有一大堆其他的福利，我想不管是在發送的電子郵件或網站上，都應該讓金額資訊更明確。

我和貝絲談論感想，並且達成共識，下一個實驗應該重新修改電子郵件與網站，坦誠告知應該支付的費用（三千美元上十週課程，包含巴士車資在內）。我們也趁機闡明，這不是Google核准的在職教育計畫，學生要支付全額學費。

不過在處理下一個實驗前，讓我們討論如何根據「對的它量表」對第一個實驗評分。另外，倘若真有需要，我們的假設需要做哪些調整。

分析與反覆實驗

假設xyz一預測有四〇%的人回應，測試結果回報的是非常健全的六二%。結果超出我們的預期，這意味目標市場對BusU興致勃勃。一般來說，這樣的數字只能用好字形容（也就是遠比我們預估得還要好），顯示這個構想非常可能成功。但是既然我們在電子郵件裡沒有提到三千美元的昂貴學費，很多Google員工或許以為BusU的課程免費（或是Google會補助），因此我對測試結果決定採取保守解釋，給的評分不是「非常可能」，而是低一級的「可能」。

我甚至會更保守，將實驗結果評為五〇／五〇，或是把它當作不良數據，棄如敝屣。但是無論在哪一個市場，有構想得到六〇%以上的回應實屬罕見，我認定那是市場有濃厚興趣的鐵證，而且「有市場，有門路」，下一組實驗會判定我究竟是對是錯。

初次的實驗結果振奮人心，然而「對的它量表」上大大的黑色箭頭還是克盡職守，將我們拉回現實。它提醒我們，大部分新構想在市場上註定失敗，我們必須有更多成功的實驗，利用正面證據的優勢，平衡市場失敗定律。

同時，貝絲與Google在職教育計畫經理碰面，得知Google不考慮核准BusU這筆在職教育費用，除非這項服務站穩腳跟，證明它的價值和具有悠久傳統又受認可的教育機構提供服

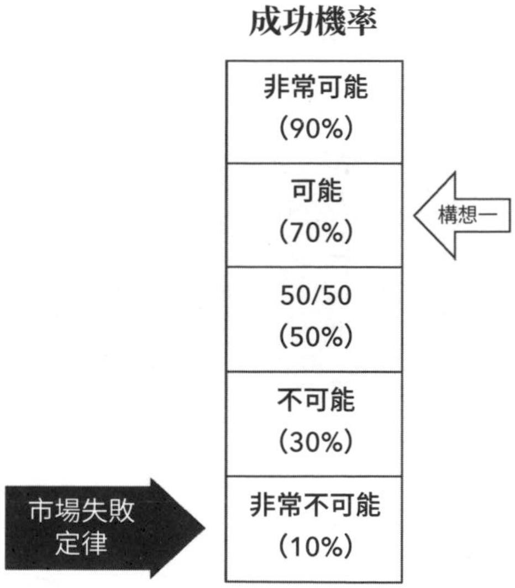

務相比毫不遜色為止。我問過任職LinkedIn的朋友，他的公司是否有類似政策，他給的答案不是我們想聽的：「他們說你必須拿出一點成績或受到認可，才會考慮補助員工教育費用。」

真要命！看來我們應該將雇主補貼的可能性從假設中剔除，起碼一開始就要這麼做。那讓人很失望，但是「早知道比晚知道好」也適用於壞消息——我們不能依賴企業補助，除非BusU更獲得認可，這一點現在知道總比晚知道來得好。

我重新修改電子郵件和網站，表明要支付三千美元學費，也不諱言BusU課程不符合Google教育補助的資格，至少目前如此。我祈求好運，發送下一批一百封電子郵件。

這次的結果就讓人振奮不起來了：僅僅四十二人造訪網站，其中只有二十二人提交填好的表單。我雖然感到沮喪卻不意外，一看到學費要三千美元，而且沒有公司資助（至少暫時如此），少有人感興趣是正常的。

我們雖然有計畫，但臉上還是挨了一拳，不是拳王泰森做的，而是市場的傑作。現在該怎麼辦？是時候讓可塑性戰術的**可塑性**優點發揮作用了。

有二二%的回應，這個數字大約是我們初估四〇%的一半，但考慮到這二十二個人同意自掏腰包，花費三千美元上BusU課程，我斷定這個數字確實相當好，還是可以運用。我們降低期待嗎？不！我們只是在測試、校準、調整當初的假設以符合現實，我們沒有「欺騙」。收到的回應變少是千真萬確的，但回應的人願意付出更高的代價（是花自己的錢，而不是Google的）。

為了反映其中的變化，我們將xyz一微調如下：

- 將我們預期的市場參與率從四〇%降到二〇%
- 提及三千美元學費
- 有言在先，這裡的課程不符合公司補助資格

以下是xyz一微調後的情形：

xyz一A：從舊金山通勤到山景城上班的Google工程師，聽到上BusU的課程要繳交三千美元（不符合Google補助資格），至少有二〇%會造訪BusU4Google.com這個網站，留下他們在Google官網的電子郵件地址，BusU一有新課程就會收到通知。

或是也可以將假設換成：

• 保留四〇%的數字
• 改用較低金額的學費(如一千美元)

以下是xyz一微調後的情形：

xyz一B：從舊金山通勤到山景城上班的Google工程師，聽到上BusU的課程要繳交一千美元(不符合Google補助資格)，至少有四〇%會造訪BusU4Google.com這個網站，留下他們在Google官網的電子郵件地址，BusU一有新課程就會收到通知。

接下來替xyz二或xyz三設計前型，有數個選項可供取捨。不過就在仔細思量下一步時，有事發生了……

好運臨門

我收到以下這封電子郵件，來自一位署名鮑伯的Google員工：

嗨！薩沃亞，我從經常一起通勤上班的朋友艾蜜莉那裡，聽到你的 BusU 構想，我喜歡這個概念，很樂意幫忙授課。我有加州大學柏克萊分校（University of California, Berkeley）人工智慧博士學位，曾開設十小時的「機器學習入門」（Intro to Machine Learning）迷你課程，在加州大學柏克萊分校和 Google 已授課數次（教學評鑑的成績不錯，滿分五分中平均得分四·八分）。教課對我來說樂趣無窮，你甚至不必支付酬勞給我，我們從什麼時候開始？

鮑伯的電子郵件讓我興奮莫名，他竟然願意無償開設人工智慧入門課程。事實上，那簡直好到令人難以置信。

還記得xyz三嗎？

> xyz三：從舊金山通勤到山景城上班的 Google 工程師，至少有一〇%願意支付三百美元，上巴士開設的「人工智慧入門」課程，由史丹佛大學人工智慧教授授課一週。

鮑伯不是史丹佛大學教授，機器學習（Machine Learning）是人工智慧的子領域，雖不中亦不遠矣，真是好運臨門！不過我對此並沒有太過意外，當我脫離空想地帶，開始在現實世界為構想設計前型時，就預料到會有這樣的事情發生。

我將出自第一個前型的數據檢視一遍，考量會有什麼新發展後，拍板訂出新的行動方針。我和鮑伯見面，微調xyz三如下：

xyz三A：從舊金山通勤到山景城上班的Google工程師，至少有一〇%願意支付三百美元，上巴士開設的「機器學習入門」課程，由他們的Google同事親自授課。

接著我致電當地幾家運輸公司，探聽行情後得知，包租一輛合適的四十人巴士（包含司機）往來舊金山與山景城，每天約要花費一千美元，也就是每週五千美元。我也打聽到有的巴士配備電視螢幕，講師可用來播放幻燈片或作為電子黑板，好極了。

我估算如果能招徠至少二十個人（每人繳交三百美元），報名參加為期一週的人工智慧課程，就足以支付巴士租金，獲得經營這類服務的寶貴第一手經驗，說不定還能讓鮑伯付出的時間和奉獻得到報酬。根據上一個實驗取得的自我數據，我估計若是發送電子郵件給兩百名Google員工，至少有一〇%會報名人工智慧課程。如果能吸引更多人報名，就再好不過了——

巴士可容納多達四十人。

我將鮑伯自告奮勇授課的事告訴貝絲，向她說明我們的新計畫。她被深深打動，甚至比之前還要興致高昂，她說：「我喜歡員工教導員工的構想。」和鮑伯教授敲定開課日期後，我在網站上列出要開設的第一門課程，同時增加報名與線上付款網頁。

隔天，貝絲發送一封電子郵件給郵寄名單上的兩百名Google員工，向他們詳述鮑伯要開設的人工智慧課程，告知每人收費三百美元與課程表。郵件中明白告知，這不是Google認可的服務，而是一家新公司的測試計畫，不符Google教育補助的資格。

不到兩天，就有四十八人在線上報名付款！我們銷售的第一門課程名額全滿，還有八人列在候補名單。回應率是二四%（兩百人中有四十八人報名），遠比xyz三A預估的一〇%回應率來得好，一切看起來確實朝著好的方向發展。

現在我們的BusU銀行帳戶進帳一萬四千四百美元——代價評分是一萬四千四百分（學費三百美元給三百分，再乘以四十八位報名學生），滿滿都是我喜歡的自我數據。第一批顧客雖然也承諾投入幾小時（甚至更多的時間），但是既然他們反正都要花費這些時間通勤，我還是打保守牌，決定不把通勤時間算在他們付出的代價內。上巴士的時間到了！

我預約一輛包租巴士，兩週後，在一個陰雨綿綿的星期一早上八點三十分，首發的BusU駛離舊金山，車上載著三十五名學員。為什麼只有三十五人？有三人因為計畫生變，要求退費，還有兩位遲到，未能趕上巴士。可惜的是，來不及讓候補名單上的人填補空缺。我應要求退款，所幸還有多餘的錢支付前型的成本。然而這個構想若要再進行，我勢必要將這類狀況納入考慮，提出應付退費與錯過巴士的政策，也許不妨仿照航空公司的做法，讓這門課程超額報名五%或一〇%。你在現實世界學到的功課無價，必須進行前型設計才能蒐集到這些數據。

往好的方面想，這一週其餘時候都進行得非常順利。三十五名學員完成一週課程，領到第一批BusU結業證書。

接下來要怎麼做？第一次實驗算是成功了，不過需要更多數據。具體來說，我們想知道學員雖然一**開始**就對BusU有興趣，但是能否**持續**。大部分的公司都需要培養常客，才算得上成功，方可維持獲利，BusU也不例外，我們招攬到的第一批顧客，會報名下一門課的比例有多少？

從新數據到新決定

透過學生填寫問卷，對課程內容和授課講師進行評鑑，這種做法司空見慣。此外，這類調查還會詢問其他問題，像是「你會上BusU的其他課程嗎？」「你會推薦BusU給同事嗎？」事到如今，應該意識到「你會……？」這類提問的答案，或許能提供一些有趣的洞見，不過算不上數據，因為回答者沒有付出代價。所以鮑伯和我決定不問沒有付出代價的假設性問題，而是發送電子郵件給第一批學員，提供兩個選項，看看他們願意付出什麼代價來上下一門課：

選項一：按照原先方案，支付三千美元上完十週的人工智慧課程

選項二：花費三百美元上為期一週的機器學習後續課程——「機器學習二〇一」（Machine Learning 201）

也要求他們，有任何感想或建議可以與我們分享。

兩天後，新數據擺在我們眼前。

- 二十一人報名參加後續課程，這個結果很驚人：超過一半的學員願意回鍋。
- 三千美元上十週課程的報名人數掛零。
- 大多數學員的評語是，他們很享受晨間上課，而且獲益良多，但是夜間課程很難跟得上，都表示上一整天的班已經很累了，搭車返家的路上只想放鬆。（鮑伯也坦承夜間授課確實辛苦多了，因為他也很疲憊。）

當你的構想脫離空想地帶並進行前型設計，就能蒐集到寶貴的自我數據，現在確實獲得印證。這裡的數據清楚告知：與三千美元上十週課程的最初構想相比，三百美元上課一週更受歡迎，也更容易安排規劃，而且較好銷售。

此外，我們也得知晨間授課的效果很不錯，但夜間上課對學員和講師都是一大挑戰，大家上完一天班都累了。

接下來六週，我們針對一週課程的設計，再進行兩個前型設計實驗：一個是以Google員工為對象；另一個則是針對LinkedIn員工。這些新實驗的結果與xyz三A一致，證實假設無誤，代表我們的假設現在可以晉升為數據，因此有了第一組自我數據：

自我數據一：在六百個樣本中，有一百三十二位（占二二%）從舊金山通勤到山景城上班的Google與LinkedIn工程師，支付三百美元要上BusU開設的一週人工智慧課程。

伴隨這份自我數據而來的是，將近四萬美元的代價（三百美元乘以一百三十二人）。

不僅如此，在設計前型的過程裡，我們還額外獲得珍貴的自我數據，一一列舉如下：

自我數據二：完成BusU三百美元上一週人工智慧課程的一百三十二位學員裡，沒有一個報名上三千美元為期十週的課程。

自我數據三：完成BusU三百美元上一週人工智慧課程的一百三十二位學員裡，有四八%報名參加另一門一週課程，學費同樣是三百美元。

自我數據四：報名上課的學員裡，有一二%錯過第一堂課後要求退費。

自我數據五：八九%的學員偏好在晨間上課。

如果你還在根據他人數據、意見及各式未經測試的假設，撰寫BusU的商業計畫，切勿再浪費時間做這件事，而是要把時間花費在蒐集數據，證明確實存在商機。**在撰寫商業計畫前，要先確認這是不是一門好生意。**

下一步該怎麼做？

自我數據清楚告知，多數高科技專業人士感興趣的是BusU的一週課程，對長期（又昂貴）的課程則是興趣缺缺。因此至少目前我們的做法是，放棄開設十週要價三千美元的課程（亦即構想一），集中火力在索費三百美元的一週課程（構想二），不過我們會針對原始計畫進行微調：正式授課侷限在早上通勤時段，傍晚通勤時段則被當成員工放鬆與非正式上班時間，可和講師進行問答。

我們更新XYZ和xyz假設，多做幾個前型設計實驗來驗證這個新模式。在這個過程中，甚至蒐集到更多自我數據，額外上了寶貴的一課（像是可以在車上販賣咖啡和小點心，這樣還能從每位學員身上多賺六十美元）。BusU三百美元上一週課的商業模式（構想二），歷經五項實驗測試後，在「對的它量表」呈現的結果如圖。

看樣子新版的BusU構想，很有機會成為「對的它」，你不認同嗎？

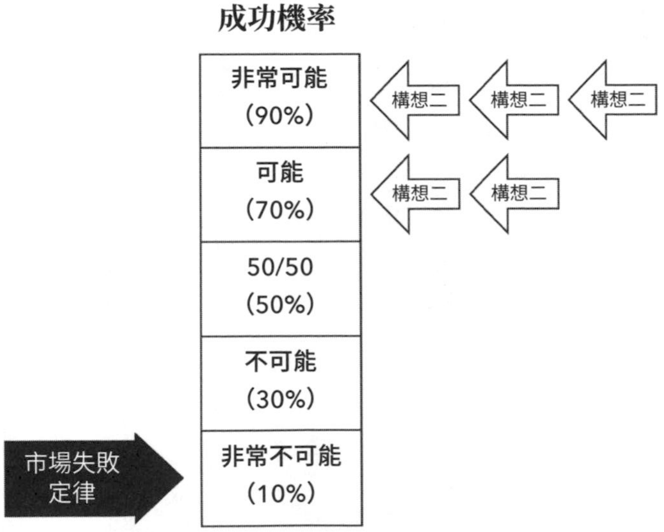

關於BusU範例的幾個重點

在本章結束之前，我想列舉關於BusU這個範例的幾個重點。

重點一：在驗證構想的過程中，蒐集到付出代價的第一手數據（自我數據），一旦打定主意尋求創投資金的挹注，這些數據有助於我們做出強而有力的企劃書。

- 憑藉空想而來的商業計畫書，充斥的是希望、炒作宣傳及純屬幻想的五年財務預估，我們應該以實實在在的成本、營收、獲利取代，還有一個很難視而不見的，就是市場會付出多大的代價回饋（例如已經上過一門課程的學員，有四八%至少會報名下一門課程）。
- 圓滿順利開設幾門課程後，我們證明自己知道如何經營這樣的事業（也就是我們能勝任執行構想的工作——將其調整為「對的它」）。
- 為了測試構想，我們也付出代價（時間和金錢），突破多項挑戰與難關，藉此展現承諾和韌性。
- 最後，我們依據蒐集的數據，修改初始看法與商業模式，藉此證明自己能靈活和敏捷地因應市場變化——想在當今瞬息萬變的市場成功，靈活和敏捷是兩大必備特質。

團隊將上述的數據與證據出示給前潛在投資者，不但大幅增加取得資金的機率，還能立於強勢地位，要求提高估值。

重點二：這雖然是為了闡述我們的方法虛構的情境，但依據的是真實故事。我於通勤時塞在車陣中，想出BusU這個構想，花費一段時間認真考慮創業。此外，我所描述的都看似合理可行：Google確實提供員工免費通勤專車服務，也會補助員工一些學費支出，包租巴士每天的租金大約一千美元，我有把握能找到願意開課的人工智慧專家。

重點三：這個範例看來會有一個快樂結局，但絕不是初版構想能實現的。如果我們依照最初計畫全速前進，主打三千美元上十週課程，BusU事業可能就毀了！最初的BusU構想是「錯的它」，經過測試和微調後，才找到「對的它」版本。

重點四：舉BusU為例是要告訴你，我們學到的工具與戰術，有方法可以結合運用，還要在你面前模擬事情發展的情境。事件和結果的特定順序會因案例而異，但一般來說，你的目標是從粗略的構想、可測試的假設、實驗到經實驗而來的數據，再利用這些數據非正式地決定下一步。你的下一步不是將構想或假設微調（然後做更多測試），就是完全棄之不用，如果你夠幸運，判定你的構想是「對的它」，即可繼續進行。

第九章

下次創業不再失利

——每次都做出市場搶著要的產品

我在開頭就用了下述不祥的警語，為本書揭開序幕：

牠耐心地等著，

相信沒多久就能抓到獵物——牠一向都是如此。

很少有獵物能逃過牠的啃噬，無一能躲過牠的觸手。

無論如何，失敗之獸將我們一網打盡。

新創事業垮台幾天後，我在筆記本上寫下那幾句消極悲觀的話。我思考著這個該死的情況究竟是怎麼發生時，那幾句話就從筆下冒出。你可能已經看出來了，這時候的我確實無法振奮。那對我來說是黑暗又痛苦時期的原因有二，其中一個原因顯而易見，另一個則是曖昧不明。

讓我情緒低落的原因顯然是，公司明明有著非常值得期待的起步，吸引全世界三大創投公司上門，投資近兩千五百萬美元，還有數十名一流員工五年來兢兢業業，卻落得公司倒閉賤賣的下場。雖然那讓我和許多公司相關人士很受傷，也困窘到恨不得有地洞可鑽，但我知道我們都將重新振作，繼續前進。

和投資人、董事會、律師最後會面一點都不有趣，但也沒有我想得那麼糟，畢竟我在這種失敗等級上還只是菜鳥。沒有人大吼大叫、火冒三丈，也沒有人指著別人的鼻子大罵，與會者的語氣反倒是混雜著失望、諒解及意料之中，這讓我很意外。投資人、董事會成員及律師，早已多次經歷相同的情境（出色的構想＋完善的計畫＋充沛的資金＋實力堅強又經驗老到的團隊＋執行得當＝失敗），對他們而言，會有這樣的結果都不出所料。大多數新創事業都難逃失敗下場，即便被認為前途無量，看起來十拿九穩，還記得Webvan的故事嗎？

我也知道一些與新創事業失敗有關的統計數據，但是我想那些令人沮喪的機率和自己的公司毫不相干，不可能套用在我們身上。首先，我們完成全面性技術盡責調查（Technical Due Diligence），進行市調，撰寫很棒的商業計畫書，也從重量級投資人身上取得資金。組成一個了不起的團隊後，我們兌現口頭承諾所打造的產品，目標市場告訴我們，他們想要、需要，也一定會買。換句話說，我們已經通過所有的考核。

所以，為什麼還會失敗！？我想不通。

我心情低落的第二個原因由此而來，這個原因曖昧不明，卻深刻又持久。我的心情之所以會那麼灰暗、痛苦又四處蔓延，是因為對這個世界該如何運作有著深刻的信念，如今這些信念卻一一粉碎，我親眼見證、學習、相信、仿效的成功方程式辜負了自己。按照內在邏輯，我忽然不再指望二加二會等於四。

起初，我感到茫然、無助，覺得被出賣。接著，第一次創業就遭遇重大失敗的震撼與痛苦，慢慢變成較為健康、正面的情緒：渴望了解這是怎麼發生的，還有為什麼會發生——不是只有我們公司會遭遇失敗，任何試圖讓新構想問世的人都有這種可能。有了這個領悟後，我希望避免重蹈覆轍，不讓失敗重演。如同前言提及的，失敗之獸啃噬我，我決定反咬回去，起碼也要學到如何武裝保護自己，避免被牠啃噬到屍骨無存。

我會弄清楚我們到底是哪裡出錯、是怎麼犯錯，設法避免以後犯下相同的錯誤，然後將這些發現與全世界分享，那是本書的宗旨所在。

在總結的這一章，我要將這些發現進行回顧與摘要，重申並強調一些重點中的重點，最後以建議和鼓勵的話作為結尾。

重點回顧

回顧客觀事實

第一篇用以下的句子作為開端，是本書的指導原則：

在你把它做對前，先確定你做的是「對的它」。

為了得到「對的它」，你必須接受眾多客觀事實，這些事實之所以客觀，是因為它們取得不易，難以避免，而且不可能改變。客觀事實都源於市場失敗定律：

即使執行得當，多數新產品會在市場上失敗。

多數新上市的產品之所以會失敗，是因為它們是「錯的它」，意思是**開發新產品的構想就算執行得當，還是無法在市場上取得成功。**

下一個客觀事實是：

再出色的設計，再高超的管理才能，再耀眼的行銷火花，都不能從失敗之獸的嘴裡救出「錯的它」產品。

第二個事實說明，即使是全球最頂尖的企業（如可口可樂、迪士尼、Google），在市場上推出新產品也常常以失敗收場，這些出自專家之手的新產品都會失敗，問題出在它們依據的是錯誤前提——無論產品在設計、製造或行銷上有多出色，也不管它們是何許人的傑作，市場就是沒興趣。

接著我要介紹本書的英雄：「對的它」，指的是**一個新產品的概念若執行得當，會在市場上取得成功**。這將我們帶向第三個客觀事實：

你想成功的唯一機會，除了計畫執行得當外，還要產品是「對的它」。

不過在我們真正打造產品之前，如何確知這個產品是「對的它」？如果產品還不存在，如何判定市場會想要？「我們會詢問大家，是否需要這項產品？會不會購買？」這個解答看似合理，卻是災難性錯誤。

遺憾的是，這個憑藉空想又只在腦海裡執行的方法，產生的是空泛意見而非數據。一般人的意見，就算是所謂的專家觀點，預言的成功都不可靠，畢竟我們在思考過程與做結論時，總會受到一堆認知錯誤和偏見扭曲。在空想地帶，很多是「錯的它」的構想，獲得目標市場熱情按讚（錯誤肯定）；很多是「對的它」的構想，竟被斥為站不住腳或荒唐可笑（錯誤否定）。

所以提到驗證新產品構想，不能光憑別人怎麼想、怎麼說或做了什麼承諾，我們必須承認第四個客觀事實，按照它說的去做，才能避免空想地帶裡那種不可靠言論的煽動：

數據比意見更重要。

但不光是舊數據不適用，他人數據尤其不可靠。他人數據最不可靠，是因為那些發生在他人身上、與別的產品有關、發生在其他時間的數據，未必適用我們新產品的構想。

因此，下一個客觀事實具體說明我們需要的是何種數據：

你需要蒐集屬於自己的數據（自我數據）。

如果說「數據比意見更重要」、自我數據勝於他人數據，是否意味著**所有驗證你構想能否成功的可能來源或數據形式，都比不過自我數據？**沒錯！我要大為強調，是的！自我數據勝於一切，只要自我數據經過嚴謹客觀地蒐集、過濾和分析。

最後一個客觀事實，確保你數據的品質：

自我數據要被認為適當，你的市場數據必須伴隨使用者付出的代價。

不能只問市場對你的新產品是否感興趣、購買的機率有多大，然後對他們所說的話就信以為真。你需要一些有價值的東西，來證明他們的聲明和承諾不假，最好是金錢——這是最普遍也最能量化的代價形式。但是除非你已經做好產品，不然要怎麼化解雞生蛋、蛋生雞的挑戰，也就是蒐集自我數據來判定你的構想是「對的它」？這時候第二篇介紹的工具就能派上用場。

回顧驗證自我數據的工具

歷經一連串客觀事實洗禮後，終於聽到一點好消息：判斷市場成功的潛力，自我數據是最可靠也最有意義的指標，而且比起蒐集那些無用的意見和了無新意的他人數據，蒐集自我數據的速度更快、成本更低廉，也更有趣，前提是你要掌握適當的工具。

思考工具

追尋可靠自我數據的第一步，是先去除空想地帶裡腦海模糊一片的狀態（朦朧不清的敘述、無以名狀的假設等），**盡可能精確清晰地表達**。這個步驟對團隊特別有用，有助於發現並調解團隊成員間的觀念差異。

每個新產品構想的背後，都有市場參與假想，市場參與假想描述我們假定（或希望）市場參與自己產品的程度，卻流於打高空。舉例來說，隔夜壽司這個範例的市場參與假想是：

> 只要把價格降得夠便宜，有很多人願意購買較不新鮮的壽司。

市場參與假想是必要的起點，但是它通常含糊到不能用。我們需要**靠數字說話**，將含糊不清的市場參與假想，轉換成明明白白的XYZ假設，採取的格式是：「至少X％的Y會Z。」

購買盒裝壽司的人中，至少有二〇%會嘗試隔夜壽司，只要價格是一般盒裝壽司的一半。

最後，我們需要把範圍大的ＸＹＺ假設，縮成幾個規模較小的ｘｙｚ假設，好讓我們快速、低成本地進行測試，這裡有一個現成例子：

今天午餐時間在庫帕咖啡購買盒裝壽司的學生中，至少有二〇%會選擇隔夜壽司，只要價格是一般盒裝壽司的一半。

迅速完成市場參與假想、ＸＹＺ假設到ｘｙｚ假設三個步驟後，我們的構想從含糊的打高空階段，進化為表達明確、隨時準備測試的假設。現在有了ｘｙｚ假設這項武器，我們準備好對目標市場進行新產品測試。即使還沒有成品去測試假設，但前型設計還是能協助我們突飛猛進。

前型設計工具

當我們要驗證構想時，前型設計扮演關鍵角色。前型設計和傳統的原型設計有別，因為**原**型設計通常是設計、打造，驗證這個構想是否可以建立，探究打造產品的最佳方式，測試產品成效是否如同預期，**前**型設計的目的則只有一個：驗證我們的市場參與假想，但卻格外重要。

原型幫助我們回答這個重要問題：我們**可以**成功打造嗎？前型回答的則是截然不同的問題：我們**應該**打造這個產品嗎？透過前型設計，我們能用迅速又成本低廉的方式找到答案。傳統上進行原型設計時，要耗費數週、數月或數年，還要花費數百萬美元；反觀進行前型設計只需數小時到數日，而且不花什麼錢就能產生我們需要的數據。

前型設計技巧有土耳其機器人、皮諾丘、假門、表面、YouTube、一次性、滲透者、重貼標籤等，不過為產品構想進行前型設計有很多效果好、效率高又趣味橫生的方法，上述只是其中一小部分的例子。每個新產品構想至少都可以找到一個妙方來設計前型，在數小時內就能取得自我數據。我鼓勵你修正調整這些基本技巧，進行各種組合變化，幫你的構想量身訂做最合適的。更理想的做法是，你自創技巧進行實驗，然後加以命名。

分析工具

進行幾個巧妙的前型設計實驗後，你終將擁有最寶貴、最相關、最可靠的數據類型：直接從目標市場得到的第一手自我數據。但光是這樣還不夠，你得校正數據並予以詮釋，才能憑藉數據下結論，進而做出決定。對於你以客觀嚴謹方式蒐集的自我數據，「代價量表」和「對的它量表」這一對工具，有助於權衡、分析、解釋。

代價量表可讓你根據付出的代價多寡，給予蒐集數據適當的評價。例如一筆兩百五十美元的預購單，會比支付五十美元訂金排入等待名單來得有價值，而後者又會比只給電子郵件地址重要許多。當然，空泛意見的價值等於零，網路按讚及留言也是如此。

對的它量表是圖解工具，設計來幫助你逐一檢視前型設計實驗的結果，將結果與你的XYZ及xyz假設兩相對照後，判別自我數據支持你的構想是「對的它」的程度。對的它量表分成五個等級，從非常不可能到非常可能。為了提醒你大多數新構想會在市場上失敗，在圖形下方的「非常不可能」旁，放上大大的黑色箭頭，代表市場失敗定律。這個箭頭提醒我們，不能因為一、兩次實驗有令人鼓舞的結果就滿足，還需要多一點實驗來平衡最初結果。

既然大多數的新構想都會落得失敗下場，就算你站在客觀立場設計實驗，以持平的態度評估結果，量表一開始顯示你的構想「不可能」或「非常不可能」是「對的它」，應該也不會太驚訝。除非真的很不走運，否則只要堅持下去，終究會發現你的構想在「對的它量表」有好的開始，指向「可能」或「非常可能」。當然這不能百分之百保證，可是對的它量表顯現正面結果，代表你的構想可以進展到下一階段：把它做對，不過這是假定你應用這些工具和判斷數據時，秉持謹慎、客觀、公平的態度。

可塑性戰術回顧

有些戰術可以協助你在使用「放眼全球，在地測試」、「以後測試不如現在測試」及「思考如何便宜再便宜」這些工具時，增強效果並提高效率。這些戰術提示你在設計實驗時，要精細到計算「取得數據的距離」、「取得數據的時數」和「取得數據的花費」。最後一個戰術「放棄前先微調翻轉」，要教導的重點是，即使最初實驗取得的自我數據讓人氣餒，在放棄你的構想前先試著調整。你的初版構想或許是「錯的它」，但可能只差幾個微調就會成為「對的它」：測試、微調、再來一遍。

最後一個綜合案例——BusU，提供在通勤巴士上開課的服務，展示這麼多的工具和戰術是如何應用、組合，然後付諸實行。我們從發想構想一路走到假設、實驗及做決策，這個例子確實可行，還充滿出乎意料的挑戰和機會。你透過實驗掌握更多的市場情報，在測試過程中，按照這些情報，微調最初構想，修改計畫，BusU的範例印證這麼做完全沒問題。事實上何止是沒問題，那正是你該做的。

無法百分之百保證

我們包山包海，涉及的範圍很廣，不是嗎？看來有一大堆數據要追蹤記錄。如果能縮短簡化流程，何樂而不為？正如物理學大師亞伯特．愛因斯坦（Albert Einstein）有一句經常被引用的名言：「事情愈簡單愈好，但不要簡單過頭。」（Everything should be made as simple as possible, but not simpler.）然而，我們的每個步驟都合乎邏輯順序，照理來說很好記，只要再加上一點練習，讓它變成習慣和第二天性。

一、發想構想。
二、確認市場參與假想。
三、將市場參與假想變成用數字說話的XYZ假設。
四、再縮成小規模且容易測試的xyz假設。
五、利用前型設計技巧做實驗，蒐集自我數據。
六、透過代價量表和對的它量表，分析自我數據。
七、決定下一步：

A 做就對了！你不能百分之百保證自己的構想是「對的它」，但自我數據看來很有前景，值得你冒險。

B 放棄它。雖然你很希望自己的構想成功，自我數據硬生生地告訴你不可能。

C 做微調。在測試構想的過程中，你得到不少關於目標市場的寶貴資料，探知市場願意（或不願意）參與你的產品。既然你一路走來對市場有更深入的了解，就別猶豫了，微調你的最初構想（或假設）。你或許會發現，儘管市場對你最初構想的興趣不夠濃厚，但是和最初構想相關的某部分可能就很有興趣；或是試著翻轉構想做反向思考，看看你能想到什麼。

即使執行得當，這幾個步驟也不能保證構想一定能在市場上成功。在一些外部因素作祟下，即便是最有希望、經過完善測試的構想，還是可能會在市場上失敗，因為這些因素

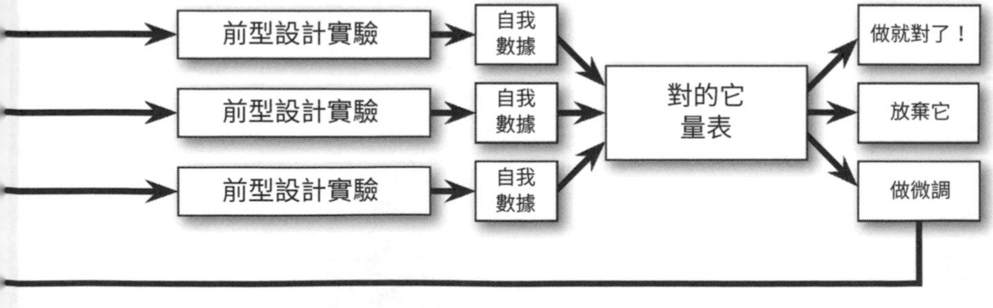

殊難逆料，也不可能事先預防，不過只要你腳踏實地照做，勤勞運用本書分享給你的技巧和戰術，我有自信對你許下三大承諾：

承諾一：你將大幅降低失敗的機率。幅度有多大？只要你做足設計完善的前型設計實驗，得出的結果會強力且持續有效驗證你的假設，接著或許會發現你的構想是「對的它」。有了「對的它」當後盾，應能如你所願地翻轉機率：從八○%的失敗機率變成八○%的成功機率，當然前提是你的構想要執行得當（也就是把它做對）。一些無法預測、防不勝防的外部事件，還有幸運女神不眷顧你，恐怕仍會害你最終落入失敗深淵。萬一那不幸發生了，我可以對你做出下一個承諾。

承諾二：即便失敗了，也不會覺得自己是傻瓜。如果你在市場上徹底潰敗，那是因為沒有好好測試構想，活該覺得自己像傻瓜。你閱讀本書後，現在應該更清楚要怎麼做。

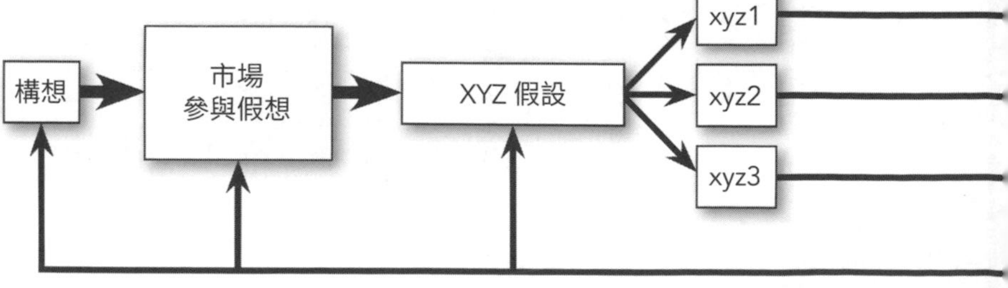

不過如果你秉持客觀立場，勤於做市場測試後卻還是失敗，或許失望與挫敗感會湧上心頭，卻不該覺得自己愚蠢。有人玩撲克牌時，剛好手握四張A（機率是逾四千分之一），很有自信地押下重注，但偏偏對手的牌是同花大順（機率是逾七萬分之一），那不能說你蠢，只能說是手氣太背。

承諾三：只要你堅持下去，終究會成功。綜觀本書，我多次提及「失敗之獸」和「市場失敗定律」。失敗是本書的反派角色，就和所有搶戲的反派人物一樣，失敗勾起我們的興趣，需要我們好好關注。但是別忘了，雖然市場成功案例並不常見，但也不至於極其罕見，不是發射一百萬發子彈才中一發那麼困難，也不是像中樂透全憑手氣，其實成功機率高多了。如果新產品在市場上失敗的機率是八〇％到九〇％，代表還是有一〇％到二〇％的成功機會，這種機率仍然值得我們奮力一搏。

那意味你把從本書學到的內容拿來應用時，就算帶點幸運，可能還是必須歷經五到十個構想（或是最初構想的變化版），一一加以測試，但你發想的構想終究有一個會是「對的它」。當然，前提是你在測試下一個構想（或變化版構想）時，要將從前一個市場實驗學到的經驗整合考慮在內。縱使你的假設經過前型設計實驗洗禮後，依舊無法獲得認可，還是能從市場挖掘出新東西：新事實、你不知道的新商機、新資源。如果你夠聰明，就會根據這些新情報和新發現的資源，決定下一步，那有助你早點找到「對的它」。

這有點像在玩撲克牌遊戲「二十一點」：如果你好好掌握牌勢變化，根據發出的牌來下注（剩餘的牌對自己不利，下注就保守一點；情勢對自己有利，就大膽下注），即能如你所願地扭轉勝率，這就是大多數賭場禁玩二十一點的原因，當然現實世界比賭場遊戲複雜許多，也更難預測。在市場上，任何特定構想的風險、報酬及成功機率一直在改變（這就是取得新鮮的第一手數據──自我數據這麼重要的原因）。但無可改變的事實是，你在特定市場實驗後蒐集的數據愈多，對市場的若干行為就會有愈深的了解，最終趨向「對的它」構想的機率也就愈大。

好，我們就快要完成了，但還有最後一個極為重要的話題需要提出。

要打造什麼樣的構想？

我分享給你的工具和戰術真的很強大，所以希望你善加利用它們蒐集第一手情報。只要使用得當，那些工具與戰術有力量幫助你躲開「錯的它」，找到「對的它」，如你所願地翻轉成功機率。可別小看它，那能讓你掌握**巨大的**優勢！

不過常言道：能力愈強，責任愈大。你會怎麼運用這股力量？或者更精確的說法是，如果你相當自信構想會成功（如有八〇%的機率），想出來要進軍市場的新構想究竟會是什麼樣子？

那是一個大問題，這個問題始終存在，而且值得深思。原因在於，就算你很確定自己的構想是「對的它」，還需要大量的時間、投資、精力、犧牲，而且必須保證以適當的方式打造產品，然後堅持下去。光靠本書還不能完整適切地回答這個問題，或許應該另外撰寫一本書來談，但是我要簡短處理這個問題的兩大層面：

這個構想對你來說是「對的它」嗎？

這個構想對全世界來說是「對的它」嗎？

確定這個構想對你來說是「對的它」

能引起市場濃厚興趣並熱情回應的構想，就是最好的構想，多半需要最大的努力與承諾。在了解這一點之前，你或許發現數千名顧客正興沖沖地敲你的（假）門。那令你莫名興奮，但也可能被沖昏頭，除非全心全意投入自己的構想，事前做好充分的準備，否則這種成功產生的痛苦和麻煩事，恐怕會比失敗還多。

在我職涯早期，手下的一位主管就曾表達這種情況，並稱為**成功災難**（success disaster）。他老愛掛在嘴邊的話是：「如果認為失敗很難受，那是因為你尚未經歷真正的成功。」當時我不太明白他的意思，直到發現自己身處成功災難的情境為止。他說得沒錯，失敗是一隻野獸，但成功可能也是，發現「對的它」構想並牢牢抓住，這個經驗常被比喻為如同抓住老虎尾巴般危險，也就是俗語所說的「騎虎難下」，問問電動車大廠特斯拉執行長伊隆·馬斯克（Elon Musk）就知道了。

我在撰寫本書時，馬斯克正在經歷成功災難。二〇一六年，特斯拉發表各界引頸期盼的最新車款Model 3，號稱特斯拉最平價的車款，售價只有過去車款的一半。依照經過證實的特斯拉教戰守則，這家公司要求排隊等著買車的人先付一千美元訂金（代價），數十萬筆預購單如雪片般湧入特斯拉（就是我們討論的自我數據！）。Model 3投產的第一年，短短幾天就銷售一空，訂單還是持續湧入。最後，特斯拉發現大約有五十萬筆預購單在手，對Model 3感興趣的人付出五億美元代價，按照大部分汽車業的標準來看，這是空前無限的成功。

現在特斯拉要做的是，生產數十萬輛Model 3交到客戶手中，那對一家羽翼未豐、規模比起傳統車廠相對較小的汽車公司來說，要應付的產量實在很大。

匆匆一年過去，一如預料，Model 3爆出一連串生產問題，以至於進度大幅落後，交車日期遙遙無期。多數已經匯一千美元訂金到特斯拉銀行帳戶的人失望不安，想知道他們能不能取車，還有什麼時候能取車。馬斯克發推文對其中一名客戶做出以下回應：

我們一確定交車日期會馬上通知您。

我們陷入生產地獄。

在另一個場景，馬斯克又針對這個情況發出以下的推文：「現實是偉大的高峰、可怕的低潮及無情的壓力，別以為大家想聽最後那兩點。」

不過大家還真的想聽聽「最後那兩點」，想知道馬斯克怎麼應付可怕的低潮和無情的壓力。他做出以下的回答（強調我）：「我敢肯定有比我的做法更好的解決辦法，只是要花費一番苦心，**確保你真的在乎自己做了什麼。**」

謝謝你，馬斯克，提供我們靈感和措辭，來傳達這一部分的重大訊息——是與我們主要訊息有關的重要描述：

確保你打造的是「對的它」，確定你是真的在乎這個「對的它」，接下來是把它做對。

如我們所知，找到「對的它」沒那麼簡單，需要很多努力，發揮極致創意，還有鍥而不捨的毅力。除非你非常幸運，否則你的構想不免要歷經數回合的測試、失敗、從頭來過的輪迴，方可得到能在市場驗證過程中存活的構想。所以在你最終發現有新產品構想勝出時，要準備做好妥善處理，要有前面差事並不輕鬆的心理準備。找尋「對的它」是這趟追尋之旅的盡頭，也是另一趟漫長艱辛追尋之旅的起點：發現是「對的它」的新構想後，製造、行銷、銷售、服務等各方面都沒有差錯，才能一直與無可避免冒出的競爭者抗衡。

就算你發現自己身處成功災難，規模等級不可能與馬斯克等量齊觀，但我向你保證，你還是會有各式各樣的問題、糾紛和小災難要面對。除非你真的在乎自己的構想，不然未必會有動機去排除萬難，看你的構想開花結果。換言之，要讓構想最終成功，知道這個構想對市場來說是「對的它」還不夠，必須對你來說也是「對的它」，這需要相互配合。

你如何事先知道構想適不適合自己？老話重提，我不能給你任何保證。但是脫離空想地帶，歷經前型設計過程，你不僅能得知市場對構想的真實反應，對於如何回應構想測試後的結果也會心裡有數。那是替產品設計前型的另一個主因，容我說分明。

釐清你的假設後加以測試，再客觀地分析結果，是驗證市場接受度最有效的方法。測試構想需要你的投入和相當多的努力，但是樂趣、刺激感與吸引力也不可或缺。倘若你在構想測試初期（如設計、創作、執行前型設計實驗）沒有感受到起碼的樂趣和刺激感，不外乎是你執行不當，或是你在測試的構想和市場不適合自己。不該輕忽這一點，因為這強烈暗示，測試的構想恐怕對你來說不是「對的它」。

如果前型設計的過程，你不覺得是享受，找時機詢問自己幾個棘手問題：

即便我在空想地帶孵化的構想，測試結果是「對的它」，那會是**我有興趣**的嗎？

我適合這份工作嗎？我是做這類產品（服務或生意）的料嗎？

往後幾年我真的想涉足這個市場嗎？

假如你的答案不是肯定的，就應該重新考慮，這個構想要不要繼續進行，即便意味著要放棄在市場上大有可為的構想。你不關心在乎的事，應該不想在上面多下工夫，遲早（或許宜早不宜遲）會感到厭煩，不再傾盡全力投入，代表你的構想不會執行得當，那對你的構想、投資人、顧客或自己都不公平。

很多人夢想開餐廳，包括我自己在內，我和妻子不斷聊到這個話題。當餐廳老闆的夢想聽起來很棒：規劃用餐空間、設計菜單、與顧客親密互動，讓你樂在其中，一路走來賺大錢更讓你樂不可支。但每位餐廳老闆都知道，事實完全不是如此——吃癟的日子比風光的時候還多。就算開餐廳的想法是「對的它」，你花愈多時間在應付行銷、人事麻煩、供應商問題、會計等，愈沒有心思端出一百分的韃靼牛肉（好吃！）。

你替自己的構想設計前型後，非但能得知這個構想是不是「對的它」，還可以確認自己是不是執行構想的「對的人」（Right Person）或「對的團隊」（Right Team），那同樣不能等閒視之。讓我和你分享一個典型例子。

兩年前，我收到一位年輕創業家寄來的電子郵件，姑且以達雷爾稱呼對方。達雷爾想出一個既創新又對生態友善的構想——開辦尿布外送與處理服務，他曾閱讀我探討產品前型的小冊子《前型：先掌握對的它，再來好好打造》，在我描述的前型設計技巧中，認為有兩個非常適合用來測試他的構想。為了確保自己的方向正確，沒有走岔路，達雷爾和我聯絡，說明他的想法概念，也希望我能給予他的前型設計計畫一些回應。我建議兩個地方做微調，好讓他的測試更客觀，除了祝他好運外，也要他通知我結果。我的小孩都已經二十多歲，有好一段時間應該不會再想到尿布的事了。

幾個月後，Google要我對一家消費品大廠的尿布部門進行演講，針對設計產品前型做專題討論。在為這場活動做準備時，想起達雷爾的尿布外送構想，我好奇地想知道他的前型設計實驗結果，於是聯絡他了解最新進展，隔天就收到他的電子郵件：

抱歉，我沒有依約通知你。

我做了我們討論的實驗，得到很好的結果，足以說服自己相信，這個構想確實很有機會是「對的它」。

但在實驗過程中，我體認到自己不是真的很想做尿布生意，我沒有興趣。現在我很肯定，自己的構想會是一門成功的生意，甚至是非常成功，但卻覺得在上面花工夫一點都沒有意思，講白一點，我討厭它！那是一個不錯的想法，其他人都應該試試，但不會是我。我了解到自己對尿布的事一點都不關心，我連小孩都沒有，想做這門生意只是為了賺錢，這樣不夠，我真正狂熱和感興趣的是足球，所以試著想出與足球有關的構想，用你教導的技巧進行測試。

我很抱歉浪費您的時間，讓您失望了。

達雷爾沒有浪費我的（或他的）時間，也沒有讓我失望，一點都沒有。他發現尿布生意不夠吸引自己，對他來說是好事！他發現對這一行**沒有興趣**，算他幸運。現在發現總比晚發現來得好，以免他泥足深陷。

當你靠著前型設計測試市場對構想的反應時，構想和市場也多多少少在考驗**你**。在蒐集市場對你構想**渴望程度**的數據時，也該留意構想是否**有趣**。長期在市場上經營這項產品，你覺得是享受嗎？按照你的想法經營事業，這個構想聽起來很棒，但是正如達雷爾及許許多多滿腔抱負的餐廳老闆所發現，現實與想像通常有很大的落差。

要確認你的構想不只很適合市場，也很適合自己。

確定這個構想對全世界來說是「對的它」

我將這部分保留到最後才談，倒不是因為視它為馬後炮、附錄或無關緊要的東西。正好相反，我會保留到最後，因為它極為重要，以下是我想留給你的話。

到目前為止，分享給你的一切，包括工具、技巧、戰術：量表、市場、金錢；測試、試驗、微調，都具事實性、實用性及邏輯性。是時候轉移話題，提升論述的層次，為了你和全世界的長遠利益，是時候帶點哲學性的討論。別擔心，我不會一股腦兒對你說教，只是想確認一點，既然有工具與知識技能幫助你成功，你應該有自信去追尋更大、更好、更值得的構想。不是所有構想都值得我們費盡苦心，即使就技術面來說是「對的它」。

遠離壞構想

假如我們完全依照市場需求（也就是很多人想要、需要、購買你的產品），以及市場成功（也就是獲利高達數百萬美元的產業），來定義「對的它」，快克古柯鹼、甲基安非他命、香菸，還有一大堆最近開發的成癮產品和物質，無論合法與否，都符合「對的它」定義。

要判定這個構想是否為**不當的**「對的它」，你的底線應該設在哪裡？這裡指的是產品在市場上有成功機會，但對所有牽涉其中的人弊大於利。我不能告訴你答案。顯然我自有一套完全主觀又偏頗的標準：快克古柯鹼，不行；微釀啤酒，很好（單一麥芽蘇格蘭威士忌更好）。讓你的良知、當地法律、風俗習慣引領自己發想構想，問問自己：「祖母對這個構想看法如何？」應該也可以確保在你大多數時候不會迷航（我說**應該**，是因為我不認識你的祖母）。

你現在掌握的這些工具和知識可以任憑運用，去探索測試五花八門的構想，沒有理由會捲入危險、可疑、非法的產品及生意，害你與他人陷入麻煩。但願你發想的新事業，不會是在沙漠中製造甲基安非他命，不要把你**變壞**算在我的頭上。另一方面，如果你冒出的新構想，是做微釀啤酒或單一麥芽蘇格蘭威士忌等美酒的生意，儘管寄試飲品給我。

別只想在短時間內賺取高收入

有些你發想的新產品，或許並不違法，也沒有違反善良風俗，甚至合乎倫理道德，但是你也沒有傾盡自己的知識、時間、精力在這個新構想上。這樣的構想不會讓世界變得更糟，但也不會讓世界變得更好——無論如何，這個世界都不會有什麼改變。這些產品不過是在耍噱頭，消費者多半憑藉一股衝動購買，用了一、兩次後，就會棄置一旁或拋諸腦後。

例如第一代iPhone問世後，市場上充斥各式各樣愚蠢無比的九十九美分應用程式：放屁機、模擬釘書機、虛擬打火機，還有一些對戰「遊戲」，只是為了計算你按了多少下虛擬按鈕等。（毫無隱瞞：我承認在二〇〇八年購買一款這樣的應用程式，但要讓你猜猜是哪一款。）奉行在短時間內賺取高收入的想法，本質上沒有什麼不對，尤其是在生涯之初（如要繳學貸），或是需款孔急（如要買特斯拉……開個玩笑……之類的）。不過如果你具備程式設計功力，準備開發手機應用程式，會想用這些技能把智慧型手機（了不起的科技傑作）變成虛擬放屁坐墊嗎？

進行商業以外的思考

本書大部分是以商業構想作為範例，但是你學到的觀念和工具，可以也應該應用到其他領域。慈善機構、醫院、學校，乃至於政府等非營利組織，和商業公司一樣，都是市場失敗定律鎖定的對象。社會企業家是用指標衡量成功，而不是金錢（如取得乾淨水的比例、瘧疾死亡人數下降多少、政治犯釋放人數），但他們還是有很高的機率面對這樣的狀況，也就是新構想或新做法的效果不如想像或預期。其實提到世界上很多嚴重至極的問題（包括饑荒、可預防疾病、各式暴力），我們仍拚命尋找「對的它」的解決方法。就算你為了崇高理想而努力，失敗之獸也不會因此高抬貴手，但是我們的工具和戰術會幫助你**打美好的一仗**，然後取得勝利。

尋求適合的「對的它」

閱讀本書，知道有成功機會後，你會打造什麼產品？你想催生什麼樣的產品、服務？出版哪一類書籍？創辦什麼類型的公司？

這個世界充斥嚴峻的問題等待解決，也很有機會尋求支持。我希望你在本書中學到的不只是知識技能，還能帶給你信心和勇氣，立定遠大志向，打造具長久性價值的產品推展到世界，打造讓世界更美好又配得上你的產品。

找到「對的它」的構想，把產品做對，實現市場成功，從中獲取財務報酬，這一路走來感覺很棒，如果你的構想對自己的意義特別重大，還能造福全世界，成功實現後會感覺**不可思議**。

不僅如此，如果這個構想對你意義重大又能造福全世界，就會發現成功機率大幅提升，原因有二。第一，如果你真的在乎要解決的問題和準備服務的市場，遇到第一個（第二個、第三個或無數個）障礙時，這個構想不太可能說放棄就放棄，你會找到動機與能量堅持下去，無論什麼挑戰迎面而來，都會想辦法克服。

第二，倘若你的產品對全世界來說價值連城，讓全世界都受惠，非但產品構想不會遭遇太大的阻力，還會發現意想不到的各路人馬與組織跳出來一路相挺，為你喝采，因為他們想看你和你的構想成功。

所以不要隨隨便便就決定採用哪個構想，我們要找的構想是**適合的**「對的它」——這個構想如果執行得當，不僅會在市場上大放異彩，對你自己和整個世界都具有深遠意義，然後要公平對待它，並且適切執行。

我會為你加油！

這隻猛獸還在那裡，
依然在等待，還是飢腸轆轆，
沒有改變也無可改變的是，
牠隨時準備戰鬥……
而我也是。

詞彙表

- **失敗之獸（Beast of Failure）**：冷酷無情又貪得無厭的虛構生物，會吞噬大部分的產品構想，沒有先驗證就貿然實行這些構想的人，會遭到牠啃咬和攻擊。
- **數據比意見更重要（Data beats opinions）**：如果想提升你的市場成功機率，這是必須內化與實踐的重要原則，沒有例外。切勿根據空泛的意見來做出產品決策，而是要看市場數據，並且不是以舊數據或他人的數據（參見「他人數據」）為準，要靠你自己的數據（參見「自我數據」）。
- **取得數據的距離（Distance to Data, DTD）**：蒐集市場數據走了多遠的距離，這個指標可以協助你將距離量化和最小化。
- **取得數據的花費（Dollars to Data, $TD）**：蒐集市場數據花費你多少錢，這個指標可以協助你將花費量化和最小化。

- **專家意見（expert opinions）**：參見「意見」。
- **只許成功，不許失敗（Failure is not an option）**：一句鼓舞人心的慣用語，可惜錯誤又常常有害，這個信念適合好萊塢電影，卻不適合大多數的商業公司，你只有在為阿諾·史瓦辛格（Arnold Schwarzenegger）的動作片寫對白時才用得到。
- **錯誤否定（false negative）**：在空想地帶受到嘲笑和批評的構想，只要執行得當，被帶到市場後還是能迎接成功的結果。
- **錯誤肯定（false positive）**：在空想地帶聽起來很棒的構想，雖然執行得當，但被帶到市場後卻還是不幸失敗。大部分在市場上失敗的例子就是出自錯誤肯定。
- **取得數據的時數（Hours to Data, HTD）**：蒐集市場數據花費多久時間，這個指標可以協助你將時間量化和最小化。
- **縮小假設（hypozooming）**：將XYZ假設做範圍、空間、時間上的「縮減」，得出一組規模較小的xyz假設，不僅便於進行在地測試，也能節省時間和金錢。以隔夜壽司的x

ｙｚ假設為例：「今天午餐時間在庫帕咖啡購買盒裝壽司的學生中，至少有二〇％會選擇隔夜壽司，只要價格是一般盒裝壽司的一半。」原則是如果ＸＹＺ假設為真，會反映在源自於它的ｘｙｚ假設，縮小版的ＸＹＺ假設較容易測試。

- **有市場，有門路（If there's a market, there's a way）**：這是一個重要的提醒，如果市場對產品構想有足夠興趣，即使現在有管理、財務、法律或其他方面的障礙，橫亙在想法與實現之間，你（或其他人）多半能夠找到突圍的出路。只要構想是「對的它」，無論如何，通常都找得到通往市場的路。
- **沒有市場，無路可走（If there's no market, there's no way）**：如果市場對你的構想不感興趣，設計得再出色、管理得再好、產品再怎麼可靠、行銷火花再怎麼耀眼，都無法協助構想取得成功。
- **如果我們打造出來，他們就會來（If we build it, they will come）**：過度樂觀、毫無事實根據的感想，與商業公司格格不入，除非你打造的是「對的它」，否則他們不會來。不過你將這句話中的兩個字對調，再加上一個問號，就會得到關鍵問句，動手打造產品前就應該詢問：「如果我們打造出來，他們就會來嗎？」（If we build it, will they come?）那就是本書要幫助你尋找答案的關鍵問題。

- **市場失敗定律（Law of Market Failure）**：「即使執行得當，多數新產品會在市場上失敗」；這個頑固又無情的事實真相是：大部分的新產品註定失敗，就算構想執行得當，也挽救不了失敗的命運。
- **市場失敗（market failure）**：投資的新產品進入市場後，實際結果不如預期，或是與預期恰好相反。
- **市場成功（market success）**：投資的新產品進入市場後，實際結果符合預期，或是優於預期。
- **市場參與假想（Market Engagement Hypothesis, MEH）**：是一種結合新產品背後的基本前提，以及目標市場參與程度觀點的進階描述。以隔夜壽司的市場參與假想為例，「很多想要吃得健康的人喜歡壽司，但卻經常無法大快朵頤，因為壽司多半很貴，吃不起。如果我們能想辦法讓壽司和其他速食一樣平價，有很多速食顧客會把不健康的選項拋到一旁而選擇壽司。」

- **他人數據（Other People's Data, OPD）**：是別人在其他時空蒐集的市場數據，採用的是其他方法和篩選方式，而且是另有目的。理論上，他人數據是數據，但既然不是你的數據，他人數據就和意見一樣危險，而且會讓人誤解。他人數據不能取代自我數據（參見「自我數據」），他人數據不但可有可無，用來評估你的構想也不夠力，最好別浪費時間尋找這種數據。
- **意見（opinions）**：對構想成功的潛力，帶有主觀、偏見，而且常常是沒有根據的判斷。藉由意見來尋求「對的它」不僅沒用，更糟糕的是還十分危險，會誤導別人。
- **前型（pretotype）**：用來設計產品前型的特定技能或技巧，包括土耳其機器人（Mechanical Turk）、皮諾丘（Pinocchio）、假門（Fake Door）、表面（Facade）、YouTube、一次性（One-Night Stand）、滲透者（Infiltrator）、重貼標籤（Relabel）。
- **前型設計（pretotyping）**：運用一組工具和技巧，盡快又盡可能以成本低廉的方式，協助新產品構想蒐集可靠、相關的第一手市場資料（參見「自我數據」）。替產品設計前型的目的，是協助你**確定把產品做對前，做的產品是「對的它」**。

- **用數字說話**（**Say it with numbers**）：這是要提醒你盡可能將假設量化。即便這個數字在當時只是憑藉一些經驗或知識推測出來，還是比模糊曖昧的措辭有用多了。舉例來說，與其標榜「我們的小工具物美價廉」，倒不如說「我們的小工具只要花十美元」，或是「我們的小工具比對手賣的便宜四〇%」。
- **代價**（**skin in the game**）：是指市場願意給你的**有價**之物，作為對你構想感興趣的證明。說到市場付給你的代價，最簡單、直接的形式莫過於金錢（好比預購或支付訂金），但付出的也可能是某人的時間、個資、名聲等。
- **代價量表**（**Skin-in-the-Game Caliper**）：這項工具協助你將消費者付出的代價量化和校準，有這麼做的必要是因為代價高低不一。例如花費一千美元預購一樣產品，會比只付一百美元訂金來得有價值；答應參加一小時產品簡報，會比只給電子郵件地址還有價值。
- **空想地帶**（**Thoughtland**）：在這個想像之地，新產品構想四處遊蕩，蒐集懇求而來或不請自來的意見。如同你到拉斯維加斯旅遊，停留在空想地帶的時間愈短愈好：憑藉空想而來的，就該讓它們大部分留在空想地帶。
- **對的它**（**The Right It**）：這個新產品（或服務、公司、倡議等）的構想，**如果**執行得當，就會在市場上取得成功。對失敗之獸來說，「對的它」就像超人的剋星，會造成超能力全失的氪石（Kryptonite）。

- **錯的它（The Wrong It）**：這個新產品（或服務、公司、倡議等）的構想，**即使**執行得當，還是會在市場上失敗。對失敗之獸來說，「錯的它」就和貓薄荷沒什麼兩樣。
- **對的它量表（The Right It Meter, TRI Meter）**：這項工具可將產品前型設計實驗的結果圖像化與視覺化，協助判定構想是「對的它」的機率。
- **XYZ假設（XYZ Hypothesis）**：應用「用數字說話」原則，將市場參與假想量化後的產物。ＸＹＺ假設的基本公式是：「至少Ｘ%的Ｙ會Ｚ」，其中Ｘ%代表在你目標市場Ｙ占的比例，Ｚ代表市場參與你的新產品構想之程度。以隔夜壽司的ＸＹＺ假設為例：「購買盒裝壽司的人中，至少有二〇%會嘗試隔夜壽司，只要價格是一般盒裝壽司的一半。」
- **xyz假設（xyz hypothesis）**：規模小、能快速輕易測試的特定假設，源於範圍較廣的ＸＹＺ假設，與ＸＹＺ假設一脈相承。以隔夜壽司可能的ｘｙｚ假設為例：「今天午餐時間在庫帕咖啡購買盒裝壽司的學生中，至少有二〇%會選擇隔夜壽司，只要價格是一般盒裝壽司的一半。」從大範圍的XYZ假設，到一至數個xyz假設的過程，稱為**縮小假設**。

- **自我數據（Your Own Data, YODA）**：是關於你自己產品構想的數據，靠你本人和你的團隊直接蒐集，藉由親自設計的實驗，來驗證市場假設。必須伴隨一定的代價，才夠資格稱為自我數據（參見「代價」）。有別於他人數據，自我數據在評估你的構想上不可或缺也夠力。

新商業周刊叢書BW0780

爆賣產品這樣來！

前Google創新主管用小投資測試大創意的實用工具書

原文書名／The Right It: Why So Many Ideas Fail and How to Make Sure Yours Succeed
作　　者／阿爾伯特・薩沃亞（Alberto Savoia）
譯　　者／陳依萍、吳慧珍
企劃選書／黃鈺雯
責任編輯／黃鈺雯
編輯協力／蘇淑君
版　　權／黃淑敏、吳亭儀、劉鎔慈
行銷業務／周佑潔、林秀津、黃崇華、劉治良、賴晏汝

總　編　輯／陳美靜
總　經　理／彭之琬
事業群總經理／黃淑貞
發　行　人／何飛鵬
法律顧問／台英國際商務法律事務所
出　　版／商周出版　臺北市中山區民生東路二段141號9樓
電話：(02)2500-7008　傳真：(02)2500-7759
E-mail：bwp.service@cite.com.tw
發　　行／英屬蓋曼群島商家庭傳媒股份有限公司　城邦分公司
台北市104民生東路二段141號2樓
電話：(02)2500-0888　傳真：(02)2500-1938
讀者服務專線：0800-020-299　24小時傳真服務：(02)2517-0999
讀者服務信箱：service@readingclub.com.tw
劃撥帳號：19833503
戶名：英屬蓋曼群島商家庭傳媒股份有限公司城邦分公司
香港發行所／城邦（香港）出版集團有限公司
香港灣仔駱克道193號東超商業中心1樓
電話：(825)2508-6231　傳真：(852)2578-9337
E-mail：hkcite@biznetvigator.com
馬新發行所／城邦（馬新）出版集團
Cite (M) Sdn Bhd
41, Jalan Radin Anum, Bandar Baru Sri Petaling,
57000 Kuala Lumpur, Malaysia.
電話：(603)9057-8822　傳真：(603)9057-6622　email: cite@cite.com.my

封面設計／廖勁智　內文設計暨排版／無私設計・洪偉傑　印　刷／鴻霖印刷傳媒股份有限公司
經　銷　商／聯合發行股份有限公司　電話：(02)2917-8022　傳真：(02) 2911-0053
地址：新北市231新店區寶橋路235巷6弄6號2樓

ISBN／978-626-7012-31-4（紙本）　978-626-701-212-3（EPUB）　
定價／390元（紙本）270元（EPUB）

2021年（民110年）8月初版
THE RIGHT IT: Why So Many Ideas Fail and How to Make Sure Yours Succeed
by Alberto Savoia

城邦讀書花園
www.cite.com.tw

國家圖書館出版品預行編目(CIP)數據

爆賣產品這樣來！前Google創新主管用小投資測試大創意的實用工具書/阿爾伯特.薩沃亞(Alberto Savoia)著；陳依萍，吳慧珍譯. -- 初版. -- 臺北市：商周出版：英屬蓋曼群島商家庭傳媒股份有限公司城邦分公司發行，民110.08

面； 公分. -- (新商業周刊叢書；BW0780)

譯自：The right it : why so many ideas fail and how to make sure yours succeed

ISBN 978-626-7012-31-4(平裝)

1.職場成功法 2.商品設計

494.35 110011340

廣　告　回　函
北區郵政管理登記證
台北廣字第000791號
郵資已付，免貼郵票

104台北市民生東路二段141號2樓

英屬蓋曼群島商家庭傳媒股份有限公司
城邦分公司　收

請沿虛線對摺，謝謝！

書號：BW0780	書名：爆賣產品這樣來！	編碼：

請於此處用膠水黏貼

商周出版

讀者回函卡

感謝您購買我們出版的書籍！請費心填寫此回函卡，我們將不定期寄上城邦集團最新的出版訊息。

不定期好禮相贈！
立即加入：商周出版
Facebook 粉絲團

姓名：＿＿＿＿＿＿＿＿＿＿ 性別：☐男 ☐女

生日：西元＿＿＿＿年＿＿＿＿月＿＿＿＿日

地址：＿＿＿＿＿＿＿＿＿＿

聯絡電話：＿＿＿＿＿＿＿＿ 傳真：＿＿＿＿＿＿＿＿

E-mail：

學歷：☐ 1. 小學 ☐ 2. 國中 ☐ 3. 高中 ☐ 4. 大學 ☐ 5. 研究所以上

職業：☐ 1. 學生 ☐ 2. 軍公教 ☐ 3. 服務 ☐ 4. 金融 ☐ 5. 製造 ☐ 6. 資訊
☐ 7. 傳播 ☐ 8. 自由業 ☐ 9. 農漁牧 ☐ 10. 家管 ☐ 11. 退休
☐ 12. 其他＿＿＿＿＿＿＿＿

您從何種方式得知本書消息？

☐ 1. 書店 ☐ 2. 網路 ☐ 3. 報紙 ☐ 4. 雜誌 ☐ 5. 廣播 ☐ 6. 電視
☐ 7. 親友推薦 ☐ 8. 其他＿＿＿＿＿＿＿＿

您通常以何種方式購書？

☐ 1. 書店 ☐ 2. 網路 ☐ 3. 傳真訂購 ☐ 4. 郵局劃撥 ☐ 5. 其他＿＿＿＿

您喜歡閱讀那些類別的書籍？

☐ 1. 財經商業 ☐ 2. 自然科學 ☐ 3. 歷史 ☐ 4. 法律 ☐ 5. 文學
☐ 6. 休閒旅遊 ☐ 7. 小說 ☐ 8. 人物傳記 ☐ 9. 生活、勵志 ☐ 10. 其他

對我們的建議：＿＿＿＿＿＿＿＿＿＿

＿＿＿＿＿＿＿＿＿＿

＿＿＿＿＿＿＿＿＿＿

請於此處用膠水黏貼